化工工程技术与计量检测

田 博 宋春燕 朱召怀 主编

汕头大学出版社

图书在版编目（CIP）数据

化工工程技术与计量检测 / 田博，宋春燕，朱召怀
主编. -- 汕头 : 汕头大学出版社，2022.4
　ISBN 978-7-5658-4622-9

　Ⅰ. ①化… Ⅱ. ①田… ②宋… ③朱… Ⅲ. ①化工工
程②化工产品－检测 Ⅳ. ①TQ02②TQ075

中国版本图书馆CIP数据核字(2022)第030390号

化工工程技术与计量检测
HUAGONG GONGCHENG JISHU YU JILIANG JIANCE

主　　编：田　博　宋春燕　朱召怀
责任编辑：邹　峰
责任技编：黄东生
封面设计：梁　凉
出版发行：汕头大学出版社
　　　　　广东省汕头市大学路243号汕头大学校园内　　邮政编码：515063
电　　话：0754-82904613
印　　刷：廊坊市海涛印刷有限公司
开　　本：710mm×1000 mm　1/16
印　　张：7.25
字　　数：120千字
版　　次：2022年4月第1版
印　　次：2022年4月第1次印刷
定　　价：48.00元
ISBN 978-7-5658-4622-9

化学工程技术简称化工技术，在化学生产领域中有着非常重要的地位。由于化学工程在我国国民经济中占据着重要的领域，能够推动经济的发展，化学工程技术在化学生产中的应用也日渐突起。随着人们对生产效率需求的不断提升，使得越来越多高新技术融入市场，并进行了全方位的改革，实现了全新的发展模式。化工技术是化学生产中的重要技术之一，能够有效地提高生产效率，减少人员成本的支出，对于传统的化学制品生产起到了改革性的作用。在环保理念逐步深入人心的今天，化工技术也面临着改革。如何实现绿色化学，减少化工生产中的污染，也是目前化学工程技术在化学生产中的主要应用方向。

检测技术符合当前及今后相当长时期我国科技发展的战略，而且紧密结合国民经济的实际情况，对促进企业技术进步、传统工业技术改造有着重要的意义。检测技术研究以自动化、电子、计算机、控制工程、信息处理为研究对象，以现代控制理论、传感技术与应用、计算机控制等为技术基础。影响室内空气质量的因素有很多，以室内装修污染最为严重，对人们的身体有很大的影响。检测是建筑行业中极为重要的一个环节，其检测的结果科学与否关系着建筑工程的质量以及建筑选材的参考，因此在建筑行业中应用极为普遍，也极为重要。此外，检测技术对于食品安全来说是一项不可缺少的保障手段，检测市售食品，可以查找出其中的劣质食品，促进食品质量的提升。通过食品检测可以有效甄别问题食品，通过科学数据掌握食品安全情况，惩处违法生产企业，使生产经营者进一步规范自身行为、改进生产，保证食品质量。

本书对化工工程的基本概念、化学反应危险性进行了具体的分析与研究，指出了化工工程对社会发展的重要性，提出了部分具有建设性的建议和意见。此外，本书也介绍了建筑装修、食品安全的检测技术与方法。由于时间、水平有限，书中难免有疏漏之处，恳请广大读者批评指正。

目录

第一章　化工工业基本常识

第一节　化学工业的发展与作用

化学工业又称为化学加工工业，是指以化学方法在生产过程中占主要地位的制造行业，主要包括以煤、石油和天然气等资源作为原材料加工的石油化工、煤化工、盐化工、天然气化工、生物化工及精细化工等领域。

一、化学工业的发展

18 世纪以前，化工生产主要是手工作坊工艺，如早期制陶、酿造、冶炼等。18 世纪初建了第一个典型的化工厂，即以含硫矿和硝石为原料的铅室硫酸厂。1791 年，路布兰法制碱工艺的出现，满足了纺织、玻璃、肥皂等行业对碱的大量需求，有力地促进了当时英国开始的工业革命。该法对化学工业的发展起到了重要作用，洗涤结晶、过滤、干燥、锻烧等化工单元的作用机理一直沿用至今。

从 18 世纪到 20 世纪初期，接触法制取硫酸取代了铅室法，索尔维法（氨碱法）制碱取代了路布兰法，使以酸、碱为基础的无机化工初具规模。在此期间，随着钢铁工业的发展，炼焦过程中产生的大量焦炉气、粗苯和煤焦油得到了高度重视和广泛应用。在这一时期，德国首创了肥料工业和煤化学工业，这标志着人类正式进入了化学合成的时代。随后，染料、农药、香料、医药等有机化工迅速发展起来，化肥和农药对作物的增产起着重要作用。

化学家 F. 哈伯在 20 世纪早期发明了合成氨技术，并于 1913 年在化学工程师 C. 博施的协助下建成世界上第一个合成氨厂，促使氮肥及炸药等工业迅速发展。合成氨工艺是工业上实现高压催化反应的第一个里程碑，在原料气制造及其

1

精制方法、催化剂研制和开发应用、工艺流程组织、高压设备设计、耐高温强度材料的制造、能量合理利用等方面均创造了新的知识，积累了丰富的资料和经验，有力地推动了无机和有机化工的发展。

从 20 世纪初开始，石油和天然气被大量开采和利用，为人类提供了多种燃料和丰富的化工原材料。1920 年，美国新泽西标准石油公司采用了 C. 埃里斯发明的丙烯（来自炼厂气）水合制异丙醇工艺进行生产，标志了石油化工的兴起。在 20 世纪 40 年代，管式炉裂解烃类工艺和临氢重整工艺开发成功，为有机化工基本原料（如乙烯等低碳烯烃和芳烃）提供了丰富廉价的来源。因此，石油化工发展迅速，并很快取代煤炭在有机化工中的主导地位。

20 世纪 50 年代初，塑料、合成纤维等工业开始大规模生产，人类进入了合成材料时代，进一步推动了工农业生产水平和科技的发展，人类生活水平有了很大的提高。与此同时，为了满足人们对生活的更高要求，产品批量小、品种多、功能优良、附加值高的精细化工很快发展起来。

近年来，化学工业的创新在新材料生产中起着举足轻重的作用。国际社会高度重视新技术的发展，新材料的开发和生产成为推动科技进步、培育经济新增长点的重要基础。侧重于复合结构材料（如：航天、汽车、电子、能源等领域所需的高性能碳纤维复合材料、陶瓷复合材料和金属基树脂复合材料）、信息材料（例如磁盘磁带基膜和磁性介质、光盘、光导纤维及其涂膜材料、硅系高分子功能材料等）、纳米材料（由粒度 1 ~ 100nm 的颗粒构成的固态聚集体，具有优于普通材料对光、电、磁的反应和机械催化性能，例如纳米碳管的强度比钢铁高 5 倍）以及高温超导材料等。以上这些材料的设计和制备技术有许多必须运用化工技术。

二、中国化学工业的发展

早在 19 世纪末，一些化工先驱者们就提出了各种各样拯救中国、改变贫困的主张，诸如变法维新、实业救国、教育救国等，有的开办学校、训练工程人员并且开办了第一家用于军火生产的硫酸厂。

工业先驱湖南人范旭东于 1914 年在天津开办久大精盐公司，后于 1917 年创办永利制碱公司，1921 年成立了黄海化学研制社，创办了工程设计室，自己设计工厂并于 1924 年正式生产纯碱。1926 年"红三角牌"纯碱投入市场，和英国卜内门公司竞争,并在费城工业博览会上获金奖。1934年永利公司在南京创办硫酸铵厂,生产氨、硫酸、硝酸和硫铵。

1915年阮霭南和周元泰在上海合办了我国第一个涂料厂——上海开林颜料油漆厂。1919年青岛杨子生集资创办维新化学工业社,生产膏状硫化黑和其他染料;1935年以后,改名维新化学株式会社,增加硫化蓝、硫化蒽草绿和大红等产品;1932年,在上海闵行兴办中孚染料厂,1934年投产硫化黑等产品。

1915年归国华侨邓凤榔、陈玉波在广州创办广东兄弟创制树胶公司,生产胶鞋底。到1927年,上海、广州建有橡胶厂15家。1923年上海吴蕴初制造味精成功,设天厨味精厂;1929年,又在上海集资创办天原电化工厂,1930年竣工投产,同外商展开激烈竞争,最终立足;1938年抗日,内迁重庆宜宾等地,办有天原化工厂。

中华人民共和国成立以后,化工工业得到了良好的发展,主要可以划分为三个阶段:1949年至1958年为恢复和奠基阶段;1958年至1978年为自力更生、艰苦创业阶段;1978年以后为现代化工发展阶段。

1953年,国家用大量财力重点建设吉林、兰州和太原3大化工区,其中吉林的特色是以乙炔化工为主,生产染料,太原的特色是医药,而兰州的特色则是以石油为主的高分子材料(主要是橡胶)。除了化肥等基本化工产品之外,其他装置陆续在1958年前后投产,主要生产化肥染料、烧碱农药、医药、合成橡胶、塑料、甲醇和乙烯等。

1956年国家设立化学工业部,原来私营的化工企业,如规模较大、历史悠久的永利公司和上海天原天利公司等实现公私合营,化工产品质量大为提高。这期间,苏联政府协助中国政府,通过技术支援建设了许多化工企业,如华北制药厂、西北油漆厂,包括兰州、吉林和太原基地在内的一些化工企业等。这些化工企业均发挥了重要作用。

1958年以后,国家重点发展化肥,1965年建立医药公司、橡胶工业公司、化学肥料、化学矿山、化工原材料等专业公司。这期间,新兴了许多化工企业,填补了化工产品的许多空白点。现代化工的许多行业都在这期间起步,并逐步开发技术,追赶世界化工发展的势头,走向先进行列,有些技术甚至已经赶上了世界先进水平。

20世纪70年代,石油工业发展迅速,我国除了以炼厂气为原料的小型乙烯装置外，还引进技术和设备。1970 年引进沙子炉裂解装置投产，1973 年先后引进 13 套化肥和 1 套乙烯联合装置投入生产。化肥装置每套设计能力是 30 万吨合成氨和 48 万吨或 52 万吨尿素；乙烯联合装置包括 30 万吨乙烯、18 万吨高压聚乙烯、8 万吨丙烯装置。1978 年我国引进 4 套 30 万吨合成氨和 4 套 30 万吨乙烯装置，以后又陆续引进大型合成纤维和石油化工装置，带动了整个化工行业的产业进步。

到 20 世纪末，许多化工产品的产量已列于世界前列，如合成纤维、合成氨、染料产量等列世界第 1 位，化肥、农药、纯碱、硫酸等列第 2 位，橡胶烧碱等列第 3 位，石油化工、合成橡胶、轮胎列第 4 位，乙烯产品列第 6 位。

目前，我国已经形成了门类比较齐全、品种大体配套并基本可以满足国内需要的化学工业体系。包括化学矿山、化肥、石油化工、纯碱氯碱、电石、无机盐、基本有机原料、农药、染料涂料新领域精细化工、橡胶加工新材料等 14 个主要行业，而且已有 20 多种化工产品生产和消费居世界前列。化学工业对国民经济发展的支撑作用进一步增强。

2020 年，中国国家重大外资项目、总投资 100 亿美元的埃克森美孚惠州乙烯项目，在广东惠州大亚湾石化区开工。这是美国企业在华独资建设的首个重大石化项目，主要建设 160 万吨 / 年乙烯等装置。

2021 年中国中化控股有限责任公司正式揭牌成立。中国化学在己内酰胺、己二腈等领域形成了一批科技成果。体现了很强的技术创新能力，为做好下一步打造成为全球知名"专利商 + 投资商 + 承包商 + 运营商"、建设成为具有全球竞争力的世界一流工程公司奠定了坚实基础。

三、化学工业的作用

化学工业是国民经济的重要支柱产业，在国民经济中处于至关重要的地位。化学工业与人类生活更是息息相关，不仅可以为工农业生产提供重要的原材料，为国防生产配套高技术材料并提供常规战略物资，而且在现代人类生活中，从衣、食、住、行等物质生活到文化艺术、娱乐消遣等精神生活都离不开化工产品为之服务。有些化工产品的开发和应用对工业革命、农业发展和人类生活水平起到划时代的促进作用。化学工业还为工农业现代交通运输业、国防军事、尖端科技等领域提供了各类基础材料和新结构新功能材料、能源（包括一般动力燃料、航空航天高能燃料和燃料电池等）和丰富的必需化学品，并保证和促进了这些行业、部门的发展与技术进步。

（一）化学工业与农业

化学工业为农业提供化肥、农药、塑料薄膜、饲料添加剂生物促进剂等产品，反过来又利用农副产品作原料，如淀粉、糖蜜、油脂、纤维素以及天然香料、色素、生物药材等以制造工农业所需要的化工产品，形成良性循环。这就是化学工业与农业的天然联盟，也是乡镇企业发展的主要方向。农业是国民经济的基础，而农业问题又主要是粮食，棉花等涉及亿万人民的吃穿问题，它制约着工业的发展，这就决定了化学工业特别是其中的化肥、农药、塑料工业在国民经济中的突出重要地位。化学工业为农业技术改造和发展社会主义农业经济提供物质条件。重工业用它生产的大量农业机械以及现代化的运输工具、电力设备、化肥、农药等产品装备农业，逐步实现农业的机械化、现代化，把农业转移到现代化机器大生产的基础上，以不断提高农业的劳动生产率。

（二）化学工业与制药

制药工业是现代化工业，它与其他工业有许多共性，尤其是化学工业，它们彼此之间有密切的关系。药物的生产工艺采用国产原料，应用新技术、新工艺，研究开发适合国情的合成路线，使药品的生产技术、药品的质量不断提高，产量不断增大，生产成本不断降低，某些药品的生产技术和质量达到了世界先进水平。要满足市场和人民健康的需要，医疗上不仅要求药品品种多，更新快，而且迫切需要更多地发展一些高效、特效、速效和低毒的新药。高技术、高要求、高速度已成为世界制药工业的发展动向。化学药品属于精细化工，合成药离不开中间体和化工原材料。某些合成药技术水平的提高有赖于化工中间体水平的提高。所以与化学工业密切结合开发中间体大有可为，可大大提高我国合成药的国际竞争力。

（三）化学工业与冶金、建筑

冶金工业使用的原材料除了大量的矿石外，就是炼铁用的焦炭。冶金用的不少辅助材料都是化工产品。目前，高分子化学建材已形成相当规模的产业，其主要有建筑塑料、建筑涂料、建筑粘贴剂、建筑防水材料以及混凝土外加剂等。此外，化学工业为运输业、通讯传播事业、建筑业等部门提供先进的技术装备。现代化国民经济的发展，要求工业不断地为现代化的交通运输业提供先进的机车、轮船、汽车、飞机以及各种筑路机械和装卸机械；为现代化的通信传播事业提供先进的通信设备和传播设备；为建筑工业提供建筑机械，传统建筑材料和新型建筑材料，促使这些部门迅速转移到先进技术基础上来。

（四）化学工业与能源

能源既是化学工业的原料，又是它的燃料和动力；因此，能源对于化学工业比其他工业部门更具重要性。化学工业是采用化学方法实现物质转换的过程，其中也伴随着能量的变化。在世界范围内，化学工业的发展速度日益突出，产值在国民经济总产值中也是名列前茅。化学工业是能源最大消费部门之一，能源是国民经济发展的基础，是化学工业的原料、燃料和动力的源泉。

（五）化学工业与国防

国防工业是一个加工工业部门，它的生产和发展离不开化学工业提供的机器设备和原材料。此外，化学工业产品的很大一部分也是用来武装和改造化学工业本身的物质技术基础。在常规战争中所用的各种炸药都是化工制品。军舰、潜艇、鱼雷以及军用飞机等装备都离不开化学工业的支持。导弹、原子弹、氢弹、超音速飞机、核动力舰艇等都需要质量优异的高级化工材料。

（六）化学工业与环境

目前，随着人类改造自然的能力和规模的巨大发展，尤其是化学工业的飞速发展所带来的"三废"，对环境的污染达到空前严重的程度，并转化为影响人类生存的一个尖锐的社会问题。人们在经历了环境与经济的双收益后，更多的目光和精力被投入到绿色化学技术的发展，随着科技的进步，绿色生产技术必将进一步发展和优化。

以上说明在国民经济中，包括有各不相同的产业、行业和企业，它们相互联系在一起。在国民经济中，各产业、行业和企业之间既有分工，它们在国民经济发展过程中起着不同的作用，而在发生作用的同时，又相互联系，达到它们应发挥作用的目的。

第二节　化学工业的原材料及产品简介

一、化工原材料

生产化工产品的起始物料称为化工原材料，化工原材料的共同特点是原料的部分原子必须进入产品中。化工原材料在化工生产过程中具有非常重要的作用，在产品生产成本中，原料所占的比例很高，原料路线的选择至关重要。一种原料经过不同的化学反应，可以得到不同的产品，不同的原料经过不同的化学反应也可得到同一种产品。

化学工业的原材料主要包括基础原料、基本原料和辅助材料。

（一）基础原料

基础原料是指用来加工化工基本原料和产品的天然资源，通常是指石油、天然气、矿物质、煤、生物质以及空气、水等自然资源。这些资源比较丰富，价格低廉，但经过一系列化学加工后就能得到很多有价值、更方便利用的化工基本原料和化工产品。

（二）基本原料

基本原料是指自然界不存在，需要经过一定加工后得到的原料，通常是指低碳原子的烷烃、烯烃、炔烃、芳香烃和合成气以及三酸、二碱、无机盐等，如常用的乙烯、丙烯、丁二烯、苯、甲苯、二甲苯、烧碱、纯碱、盐酸、硫酸、甲烷、一氧化碳、氯气等。由化工基本原料出发，可以合成一系列化工中间产品和最终产品。

（三）辅助材料

在化工生产中，除必须消耗原料来生产产品外，还要消耗一些辅助材料，通

7

常将这些材料和原料一起统称为原辅材料。辅助材料是相对原料而言的，其在反应过程中起辅助作用，可能在反应过程中进入产品，也可能并不进入产品。在化工生产过程中，常用的辅助材料包括各种溶剂、添加剂、助剂等。

二、化工生产的主要产品

原料经过化学变化和一系列加工过程所得到的目的产物称为化工产品。化工产品中一般都含有原料中的部分原子。一种物质是化工原材料还是化工产品不是绝对的，要根据实际生产过程中该物质的具体作用来确定。它们有时是原料，有时是产品。在化工生产过程中所得到的目的产物在很多情况下是作为下一工序的原料来使用的，在化工生产中称这些产物为中间产品。中间产品一般不直接作为产品使用，需要经过进一步的化学反应或加工才能转变为可直接使用的化工产品。

按照不同的分类标准，化学产品的类型不同，按组成分，可分为有机化学品、无机化学品等；按功能，可分为通用化学品（基础化学品）、精细化学品、功能化学品（专用化学品）等；按行业用途，可分为石油化学品、农用化学品、医药化学品、塑料加工品等。下面，本书按习惯分类对无机化工产品、基本有机化工产品、合成高分子化工产品、精细化工产品等系列的重要产品做简单介绍。

（一）基本有机化工系列产品及其原料路线

石油和天然气以及煤炭气化、焦化和液化是有机化工产品基本原料烷烃、烯烃、炔烃、芳香烃和合成气的基础原料，由这些烃类出发可以合成一系列的化工产品，形成一个又一个系列的产品树。

1.碳一系列有机产品

碳一系列有机产品是以甲烷和合成气为基本原料的有机化工系列产品，甲烷氧化可制得甲酸，氨氧化可制得氢氰酸，氯化可得到氯甲烷、二氯甲烷、氯仿和四氯化碳，硝化可得到硝基甲烷，硫化可制得二硫化碳。甲烷蒸汽催化转换可产生合成气，可进一步制合成氨及尿素、硝酸，合成气还可制成甲醇，甲醇进一步氧化可制得甲酸，甲醇胺化可制得甲胺、二甲胺、三甲胺，是医药、农药的重要原料之一。

2. 碳二系列有机产品

碳二系列有机产品，是指以乙烯和乙炔为基本原料的有机化工系列产品，其中乙烯是基本化工最重要、产量最大的原料。从乙烯出发，我们可以合成许多重要的化工产品，其中聚合物和苯聚物主要有聚乙烯、乙烯醋酸乙烯共聚物、乙丙共聚物等，乙烯氧化制得的环氧乙烷和乙醛是十分重要的化工原材料。乙烯的重要衍生产品还有苯乙烯、聚苯乙烯、丁苯橡胶、ABS、氯乙烯、聚氯乙烯等十分重要的合成材料。

3. 碳三系列有机化工产品

碳三系列有机化工产品，是指以丙烯为主要原料的产品，其重要性在基本有机合成中仅次于乙烯系列产品。该系列产品的聚合或共聚可得到聚丙烯、乙丙橡胶、聚丙烯腈等应用十分广泛的聚合物，丙烯氧化制取环氧丙烷是合成聚酯树脂的重要原料。

4. 碳四系列有机化工产品

碳四系列有机化工产品的原料资源丰富，其中最重要的有丁二烯、正丁烯、异丁烯和正丁烷。丁二烯聚合生成的聚丁二烯制成顺丁橡胶后与苯乙烯等其他有机原料共聚，可得到丁苯橡胶、丁腈橡胶、ABS 塑料等高分子材料；丁二烯氯化得到的氯丁二烯可合成氯丁橡胶。正丁烯聚合可得到聚丁烯，脱氢可得到丁二烯，并可合成丁二醇和顺酐。异丁烯聚合生成聚异丁烯、丁基橡胶，氯化反应可得甲基丙烯酸、甲基丙烯酸酯。

5. 芳香烃系列的重要化学品

芳香烃的种类很多，又以苯、甲苯、二甲苯和萘最为重要。甲苯、二甲苯是重要的化工原材料，又是被广泛应用的溶剂。例如：以苯为原料生产的苯乙烯、苯酚、烷基苯、氯苯、环己烷、顺酐、苯酐等产品都是十分重要的化工原材料，以甲苯、二甲苯为原料生产的异氰酸酯都是聚酯以及染料、医药、农药的重要原料。

（二）无机化工主要产品及其原料路线

矿产资源是无机化工丰富的资源。能作为化工基本原料和产品的矿产资源很多，常用的大致有三十余种。例如，盐矿、硫铁矿、磷矿、石灰石、硼矿、重晶石、芒硝、石膏、镁盐等是无机酸、碱、盐的重要基础原料；钠盐矿（包括海盐）电解可制得烧碱、氯气和氢气；石灰石煅烧后生成氧化钙和二氧化碳，进一步加工可得到纯碱；硫铁矿和硫黄是制取硫酸的原料；石灰石和焦炭可制取电石；磷灰石是制取磷、磷酸、磷肥的基础原料。

无机产品主要包括无机盐、三酸、二碱、无机肥料和合成氨。三酸指硫酸、硝酸和盐酸，是重要的无机基本原料，除了可以生产各种无机盐外，还是有机合成中不可缺少的重要原料。例如，硫酸是有机合成的重要磺化剂，硝酸、亚硝酸钠是重要的硝化剂，在有机合成中起到十分重要的作用。

无机盐是一类产品众多、服务面广泛的原料。世界上无机盐品种多达 4000 余种，我国经常生产的现有 400 ~ 500 种，常用的无机盐有氯化钡、碳酸钡、硼砂、碳酸钾、无水三氯化铝、氯化钙、氯酸钾、氰化钠、氰化钾、硫化钠、硫酸铝等。

化学肥料，按对植物的营养成分可分为氮肥、磷肥、钾肥、复合肥和微量元素肥（不包括有机肥料）。其主要产品有：氮肥，如硝酸铵、尿素、磷酸氢铵、氯化铵；磷肥，如过磷酸钙、重过磷酸钙、钙镁磷肥、偏磷酸钙等；钾肥，如氯化钾、硫酸钾等；复合肥，如磷酸铵、尿素磷铵、硝酸磷肥、偏磷酸钾、氮磷钾三元复合肥等。

氢及氮的加工产品氨是一种用途很广的基本化学产品。氨本身就是高效氮肥，作为重要的工业原料又可制取尿素、碳酸氢铵、硝酸和各种含氮无机盐，以及一系列重要的有机含氮产品，如硝基苯、三硝基甲苯、苯胺、硝化棉等。

（三）合成高分子化工产品

高分子化合物，是指相对分子质量从几千到几十万，几百万（甚至上千万）的一类化合物。它是由一种或几种简单的结构单元（低分子化合物）通过共价键相继连接而成的化合物。它们的相对分子质量一般在 10000 道尔顿以上。合成高分子化工产品常在所用原料（单体，如乙烯、丙烯、苯乙烯等）前加上一个"聚"字，如聚乙烯、聚苯乙烯等，对于缩聚物也常在链节的名称前加一个"聚"字，如聚己二酰己二胺（尼龙 66），对一些结构比较复杂或者结构尚未确定的高分子化合物则在高分子化合物原料名称后加上"树脂"二字。按材料和产品的用途，高分子化工产品可以分为塑料、合成橡胶、合成纤维、涂料、胶粘剂以及功能高分子材料。

1. 塑料

塑料为合成的高分子化合物，又可称为高分子或巨分子，是利用单体原料以合成或缩合反应聚合而成的材料，由合成树脂及填料、增塑剂、稳定剂、润滑剂、色料等添加剂组成。

根据受热变态行为，塑料分为：热塑性塑料（如聚乙烯、聚氯乙烯、聚苯乙烯等）和热固性塑料（酚醛树脂、环氧树脂、氨基塑料等）。

根据来源，塑料分为：天然塑料（包括松香、酪素塑料、淀粉塑料和多聚羟基烷酸等），合成塑料（以石油、天然气及煤炭的产物经化工合成的塑料聚合物）。

根据降解性能，塑料分为：非降解塑料与可降解塑料。

2. 合成纤维

合成纤维，以合成高分子化合物为原料制得的化学纤维的总称，按其用途和性能可分为通用型合成纤维和特种合成纤维两大类。主要通用型合成纤维有聚酰胺纤维（又称锦纶，如尼龙6、尼龙66）、聚酯纤维（又称涤纶，如聚对苯二甲酸乙二醇酯即丁二醇酯）、聚丙烯腈纤维（腈纶）、聚乙烯醇缩甲醛（维尼纶）以及聚氯乙烯纤维（氯纶）。特种合成纤维：复合材料增强纤维有碳纤维、对苯二甲酰、对苯二胺纤维、芳酰胺共聚纤维、聚四氟乙烯纤维、聚酰亚胺纤维，特种合成光导纤维如氟化有机玻璃，特种合成中空纤维如聚碳酸酯和有机硅氧烷嵌段共聚物、乙烯和醋酸乙烯共聚物，能用于吸附的合成纤维如活性炭纤维、离子交换树脂纤维。

3. 合成橡胶

合成橡胶作为世界上三大合成材料之一，与钢铁、石油、煤炭并称为四大战略物资，在化学工业中占有重要地位，是衡量一个国家经济发展和工业化、现代化的标志性指标之一。合成橡胶，为人工合成的高弹性聚合物。通用型合成橡胶有丁苯橡胶、顺丁橡胶、异戊橡胶、氯醇橡胶、本基橡胶、乙丙橡胶等，特种合成橡胶有丁腈橡胶硅橡胶、氟橡胶、聚硫橡胶等。

4. 功能高分子材料

功能高分子材料，是指具备优异特性的高分子合成材料。功能高分子材料一般指具有传递、转换或贮存物质、能量和信息作用的高分子及其复合材料，或具体地指在原有力学性能的基础上，还具有化学反应活性、光敏性、导电性、催化性、生物相容性、药理性、选择分离性、能量转换性、磁性等功能的高分子及其复合材料。

通常，人们对特种和功能高分子的划分普遍采用按其性质、功能或实际用途划分的方法，可以将其分为八种类型。

（1）反应性高分子材料，包括高分子试剂、高分子催化剂、高分子染料，特别是高分子固相合成试剂和固定化酶试剂等。

（2）光敏性高分子材料，包括各种光稳定剂、光刻胶、感光材料、非线性光学材料、光电材料及光致变色材料等。

（3）电性能高分子材料，包括导电聚合物、能量转换型聚合物、电致发光和电致变色材料及其他电敏感性材料。

（4）高分子分离材料，包括各种分离膜、缓释膜和其他半透明膜材料、离子交换树脂、高分子絮凝剂、高分子螯合剂等。

（5）高分子吸附材料，包括高分子吸附树脂、吸水性高分子等。

（6）高分子智能材料，包括高分子记忆材料、信息存储材料和光、磁、pH值、压力感应材料等。

（7）医用高分子材料，包括医用高分子材料、药用高分子材料和医用辅助材料等。

（8）高性能工程材料，如高分子液晶材料、耐高温高分子材料、高强度高模量高分子材料、阻燃性高分子材料、生物可降解高分子和功能纤维材料等。

（四）精细化工产品

精细化工是化学工业在国民经济各行业的应用开发中逐渐形成的新门类，精细化工产品占化学工业产值的比重表明化工原材料的加工深度和应用的广度。精细化学品产值占全部化学工业产值的比重的高低，也代表着化学工业发展的水平，工业发达国家一般达到50% ~ 60%。

在我国，精细化学品大致可分为11大类，即农药、染料、涂料（包括油漆和油墨）、颜料、试剂和高纯物、信息用化学品（包括感光材料、磁性材料等）、食品和饲料添加剂、黏合剂、催化剂和各种助剂、化学药品（一般性化学合成原料药）、日用化学品、高分子聚合物中的功能高分子材料（如功能膜、偏光材料）。这11大类精细化学品，每一大类又可分为若干小类。例如，助剂就可根据不同的用途分为印染助剂、橡胶助剂、水处理剂、皮革助剂、农药助剂、油田助剂、混凝土添加剂、机械和冶金加工助剂等近 20 种类别；农药又可细分为杀虫剂、杀菌剂、除草剂、植物生长促进剂等，其制剂可分为粉剂、可湿性和可溶性粉剂、乳油及乳剂、悬浮剂、颗粒剂、缓释剂等。

第三节　化工生产工艺过程的组成

一、化工生产工艺的组成

化工生产品种很多，不同产品生产工艺差异较大，即使是同一种产品，也可以采用不同的原料路线和加工方法，相同的原料、工艺加工路线不同，可以生产不同的产品。有些产品只需一次化学反应和简单的单元操作就能完成整个生产过程，而有些产品则可能要经过好几次甚至十几次化学反应和多次单元操作才能得到目的产品，但无论生产过程简单还是复杂，从生产程序和生产组织的角度，一项完整的生产工艺过程应该包括以下几个阶段：

（一）原材料的准备

原材料的准备包括反应所需主要原料的计量贮存和预处理，各种溶剂、助剂的配制，催化剂的制备、再生、活化，各种保护性气体、管道接通，以及冷、热载体的供应准备，设备、电气、仪表的空载调试等。

（二）反应过程

在化工生产过程中，化学反应是核心，每一种化工产品的生产都应根据不同的反应条件选择相应的反应器，并附有必要的辅助设施，如输送物料、加热、冷却搅拌等，以及电气、仪表等操作控制系统，对某些危险程度较高的反应过程，应配置相应的安全设施。

（三）产品的分离和提纯

产品分离的目的是将反应生成物从系统中分离出来，进一步精制、提纯得到目的产品，并且将反应过程中未反应的原料、溶剂、催化剂以及副反应产物进行分离，尽可能实现原料、溶剂等回收物料的循环使用或综合利用。常用的分离提纯方法有离心、过滤、蒸发、蒸馏、萃取、结晶、吸收、吸附等。

（四）产品的后加工

产品的后加工，是指部分化工产品除了要求生产出符合纯度要求的产品外，还在外观、形态上进行加工。例如，部分产品需要添加某些助剂或溶剂并加工成不同的剂型，按照规范的包装要求包装贮存后，方能作为商品进行消费。

（五）综合利用阶段

综合利用阶段，是指对反应过程生成的副产物，未反应的化工原材料、溶剂、催化剂等物料，经分离之后还要经过必要的精制处理回收使用。这一过程要后置一系列的分离、提纯设备，如精馏、吸收装置，其操作难度和复杂程度并不低于成品的提纯，但处理好这些物料是节能降耗、减少环境污染的重要措施，具有很好的经济和社会效益。

（六）"三废"治理及能量回收利用阶段

流程中为提高能量利用效率而设置的过程如废热回收、能量分级利用等，为稳定生产而设置的生产过程如缓冲稳压、中间物料存储等，以及一些无法回收利用的废水、废气、废渣需要有专门的设施进行处理，如设置各种吸收装置处理和破坏一些有害有毒气体，建各种功能的污水处理站处理无法回收的废液。"三废"处理是技术含量很高的生产辅助系统，是改善生产条件、保护生态环境、实现可持续发展、造福人民的大事，有着十分重要的社会效益。

二、化工生产工艺主要操作

（一）化工生产操作

化工生产操作，按其作用和目的可分为化学反应、分离和提纯、混合、温度调节、压力调节等。

1. 化学反应

化学反应是化工生产过程的核心，其他操作都是围绕着化学反应组织实施的，化学反应的好坏，直接影响化工生产的全过程。

2. 分离和提纯

分离和提纯可用于化学反应原材料的净化，产品的分离和提纯则主要根据物料的物理性质（如沸点、熔点、溶解度、密度等）的差异，将含有两种或者两种以上组分的混合物分离成纯的或者比较纯的物质，常用的方法有蒸馏、吸收、吸附萃取等化工单元操作。

3. 混合

物料的混合是将两种以及两种以上物料按照配比进行混合的操作。混合操作可以是固体和液体的溶解混合，也可以是两种或两种以上溶剂的互溶，以达到生产需要浓度或物料配比。

4. 温度调节

化学反应的速度、物料聚集状态的变化（如蒸汽的冷凝、液体的汽化或者凝固、固体的熔化）以及其他物理性质的变化都与温度有着密切的关系。改变温度可以改变物质的物理特性，改变化学反应的速度，使之达到工艺过程的要求。温度的调节一般是通过换热器（加热器、冷却器、冷凝器）来实现的。

5. 压力调节

反应过程中有气相物质参与反应时，改变压力就会改变气相反应物的浓度，从而影响化学反应的速度和效率。在单元操作中，液体的汽化和蒸汽的冷凝等相变化过程与压力有着密切的关系，改变压力可以改变相变化的条件。此外，流体的物料输送需要增加压力来克服设备或管道的阻力，改变压力可以通过泵、压缩机等机械设备来实现。除了以上这些工艺操作外，流量调节、液位控制、物料配比等也是十分重要的化工操作。

（二）化工工艺操作方式

工艺操作按操作状况和操作方法可分为间歇操作过程、连续操作过程和半间歇操作过程。

1. 间歇操作过程

间歇操作，是指开始原料一次投入，结束时产物一次取出。间歇操作在进料和出料之间，系统内外几乎没有物料的进出与交换。间歇操作的优点是工艺过程简单，投资费用低，生产灵活性大，过程中变更工艺条件比较容易；缺点是加料、出料、清洗等非生产性时间占用较多，设备利用率和生产能力较低，工艺参数不够严格造成产品质量易波动，整个操作过程人工作业较多，劳动强度大，因此一般在小批量、多品种的精细化工生产中运用。基本化工产品的试验性生产（中试）等也常采取间歇操作。

2. 连续操作过程

连续操作，是指连续不断进料的同时连续不断出料，进料与出料之间达到平衡。连续操作的优点是设备利用率高、生产能力大，容易实现自动化操作，操作运行中工艺参数控制稳定，产品质量也稳定；缺点是装备投资较大，操作员专业技术要求高，多品种转产困难。一般在技术成熟、产品规模较大的装置和基本化工产品生产中广泛采用连续化生产操作。

3. 半间歇操作过程

半间歇操作，是指一次性向设备内投入物料，连续不断地从设备取出物料的操作；或者连续不断地向设备加入物料，在操作一定时间后，一次性取出产品；或者一种物料分批加入，而另一种物料连续加入，根据生产需要连续或者间歇地取出产品。

三、化学反应过程和化工单元操作简介

综合上述化工生产的组成及化工操作方式，一个化工工艺过程将原料转化为产品就是若干个加工程序的有机组合，而一个工序又是由若干设备、仪表、电器组合而成的，原料就是通过各个设备完成了某种化学的或者物理的加工，最终成为产品。不管工序有多长，设备有多少，按照物料在各工序过程中化学和物理特性有没有变化，可以把各类工序归纳成两大工艺过程——化学工序和物理工序。

（一）化学工序

化学工序，也称化学反应过程或反应过程，即以化学的方法改变物料化学性质的过程。化学反应过程是化工生产的核心，它是通过有控制的化学反应改变物

质的化学性质的过程，整个化工生产过程中的其他工序或者操作都是围绕着化学反应过程来实施的。

化学反应过程效果的好与差，直接影响到化工生产的全过程。化学反应千差万别，按其规律和特点又可分为若干个反应类别，如属于基本化学反应类别的有氧化还原反应、化合反应、置换反应、分解反应，属于有机合成反应的有加成反应、取代反应、消去反应、缩合反应、重排反应、聚合反应，以参与反应的物质命名的一些化学反应如氯化、磺化、酰化、硝化、烷基化、碳基化、重氮化等。

化学反应过程是由若干种化学原料，按照一定的配比，在特定的能满足工艺控制要求（如温度、压力、停留时间）的反应设备中完成的。常用的化工反应设备有各种不同形式和材质的反应釜、塔式反应器、管式反应器、固定（或流化）床反应器、电解槽、工业炉等。

（二）物理工序

物理工序，即只改变物料的物理性质而不改变物料化学性质的操作工序，通称为化工单元操作，如物料的输送、传热、蒸发、蒸馏、干燥、结晶、萃取、吸收、吸附、过滤等。这些单元操作主要参与原材料的预处理、反应物料的分离提纯、副产物及各种助剂的回收利用、物料的传输以及成品的精制和后处理。

完成化工单元操作需要相应的机械设备来保证，这些机械和设备往往是可以通用的，如输送流体物料的各种泵机，进行加热、冷却、冷凝的各种换热器，过滤物料的压滤机、离心机，干燥物料的烘箱、喷雾干燥器、气流干燥器，分离物料的蒸发器，提纯液体物料的精馏塔、萃取塔等。

第二章 化学反应及危险性分析

第一节 化学反应及分类

化学反应是一种有新物质产生的变化过程，在化学反应发生时，物质的组成和化学性质都会发生改变，这是化学反应最重要的特点。化学反应过程非常复杂，对反应有多种分类方法，有些是根据产物的结构分，有些是按化合物的结构分，有些则是以化合物的转化状态来划分。根据化学反应的基本原理和共性特征，可将其分成若干种基本反应类型，如无机化学反应中的化合反应置换反应、分解反应、复分解反应；有机化学反应中的加成反应、取代反应、消去反应、缩合反应、重排反应、酯化反应以及氧化还原反应等。

一、常见的基本反应

（一）化合反应

化合反应是指两种或两种以上物质生成另一种物质的反应，可以是单质和单质之间、单质和化合物之间或化合物和化合物之间生成一种成分比原来复杂的物质。例如，碱性氧化物与水反应生产碱，酸性氧化物与水反应生成酸，氯气在高温条件下和氢气化合生成氯化氢，氧化钙与水化合生成氢氧化钙。

（二）置换反应

置换反应，是指由一种单质和一种化合物起反应，生成另一种单质和另一种化合物的反应。常见的置换反应有金属与某些酸或盐溶液的置换反应以及非金属与盐或酸溶液的置换反应。例如，金属锌与硫酸发生置换反应生成硫酸锌和氢气。

（三）分解反应

分解反应，是指由一种物质生成两种或两种以上其他物质的反应。例如，结构比较复杂的碱式碳酸铜能分解产生相对简单的氧化铜、水和二氧化碳。

（四）复分解反应

复分解反应，是指由两种化合物相互交换成分，生成另外两种化合物的反应。例如，酸和碱反应生成盐和水，酸性氧化物和碱反应生成盐和水，酸和盐反应生成新的酸和盐，碱和盐反应生成新的碱和盐。

（五）加成反应

加成反应，是指有机化合物分子中的不饱和碳原子与其他原子或原子团直接结合生成新的物质的化学反应。在加成反应过程中，有机物的分子结构会发生变化。烯烃、炔烃、醛等有机化合物都可发生加成反应，反应时双键或三键会变成单键或双键。例如，乙炔和氯化氢发生加成反应生成氯乙烯，分子结构中的三键变成双键。

（六）取代反应

取代反应为最常见的有机化学反应，是指有机物分子中一个原子或原子团被其他原子或原子团代替的反应。在取代反应中，有机物的结构不会发生变化。卤化剂、磺化剂、硝化剂等经常参与脂肪烃和芳香烃的取代反应。例如，在光照条件下，氯取代甲烷分子中的氢生成氯甲烷和氯化氢；硝酸在浓硫酸存在的条件下，硝基取代苯环上的氢生产硝基苯和水。

（七）消除反应

消除反应，又称脱去反应或消去反应，是一种有机反应，一般为一有机化合物分子和其他物质反应，失去部分原子或官能团（称为离去基）。反应后的分子会产生多键，产物为不饱和有机化合物。常见消除反应分为下列两种：β 消除反应：较常见，一般生成烯类。α 消除反应：生成卡宾、氮宾类化合物。离去基所接的碳为 α 碳，其上的氢为 α 氢，而隔壁相邻接的碳及氢则为 β 碳及 β 氢。化合物会失去 β 氢原子的称为 β 消除反应，会失去 α 氢原子的称为 α 消除反应。

（八）缩合反应

缩合反应是一个大的概念，分子间或分子内不相连接的两个碳原子连接起来形成新的碳碳键，成为新的化合物，同时往往有比较简单的无机或有机小分子化合物生成。

（九）氧化还原反应

氧化还原反应，是指凡有电子得失转移的化学反应，当电子从一个化合物中被全部或部分取走时，称该化合物发生了氧化反应，反之则为还原反应。对于有机化合物来讲，化合物在反应前后的电子得失关系并不像无机化合物那样明显，因此，有机化学中将氧化还原反应做了如下定义：从有机化合物中完全夺取一个或几个电子，使有机物中的氧原子增多或氢原子减少的反应都称为氧化反应，反之则为还原反应。

在化学合成特别是有机化合物的化学反应过程中，经常直观地以参与有机化学反应的物质或者反应生成物对反应进行命名。由于有机化合物占化学品总量的 90%以上，因此，其分类在生产实践中具有十分重要的作用。这些反应通常有氯化、氟化、胺化、磺化、硝化、羰基化、重氮化、烷基化酰化、酯化、水解、聚合、氧化、过氧化、加氢、裂解、缩合等。无论是何种反应，都可以归纳到某一基本反应类型中。例如，氯化反应是指有机物在与氯气反应的过程中接上氯原子的反应，但在不同条件下，氯原子与有机物进行的氯化反应的基本类型和得到的产物也不同，如氯气在光的作用下与苯进行加成反应生成六氯环己烷（即农药"六六六"），而氯气在三氯化铁催化剂作用下与苯进行取代反应生成氯苯和氯化氢。氯和苯进行加成氯化反应时，打开苯环碳原子上的双键接上 6 个氯原子；氯和苯进行取代氯化反应时，氯原子取代苯环上一个氢原子，生成氯苯和氯化氢。所以，了解基本反应类型、掌握具体的反应过程是十分重要的。

二、化学反应过程中的主要危险因素及控制

化工生产过程就是通过有控制的化学反应来改变物质的物理化学性质的过程。一方面，反应的物质、中间体、产物各有其固有的危险性质；另一方面，反应条件复杂，工艺条件各异，各不相同。概括起来，最主要的危险特征表现在以下几个方面：一是某些化学反应可能涉及或产生敏感化学物质。这种材料稳定性差，对温度、压力、冲击、摩擦非常敏感，甚至会发生爆炸。例如，硝化过程中常出现副产多硝基化合物，浓缩时处理不当会发生事故。二是某些化工生产过程中使用或者生产剧毒化学品，在使用或处置过程中，劳工保护措施不当或错误操作容易引发中毒事故，如大量有毒气体泄漏还可造成严重环境污染和人员伤亡。三是某些化学反应过程涉及易燃物质，并要求在高温、高压的工艺条件下进行反应，技术难度大，作业条件苛刻，操作人员失误或仪表、电气、设备故障都有可能造成火灾。四是某些化学反应过程中存在爆炸性粉尘的工作环境，粉尘在运行过程中摩擦产生静电或电气火花，都有引起粉尘爆炸的危险。五是某些化学反应的物料配比应控制在爆炸极限甚至爆炸极限之内，只要遇到点火源，就有可能引起爆炸。六是某些化学反应过程的发热率很高，释放的热量非常集中，不当的操作会引起反应过度，造成冲料，引发火灾爆炸等事故。所以，如何将化学反应过程控制在安全可靠的条件下是非常重要的。化学产品虽然具有较高的危害性，但与其他生产活动一样，也有其客观规律。任何一种成熟的化工产品的生产都是经过千百次的实验和实验，逐渐形成一套成熟的工艺流程、科学的工艺控制和严格的安全操作规程。只有严格执行工艺技术控制点，认真执行安全操作规程，我们才能确保安全生产。

为有效地控制化学反应过程在安全可靠的运行条件下进行，我们应对以下几个工艺操作进行严格控制，以减少事故，保证安全。

（一）投料控制

投料是化学反应第一个操作环节，投料时主要应控制好化工原材料的纯度、投料顺序、物料形态、投料配比、投料速度等要素。

1.原料纯度控制

反应原料的纯度除了影响产品质量物质消耗外，还会因含有影响反应的杂

质而引起事故。某些化工原材料即使含有很少量的杂质，也会在反应时生成爆炸性危险物质，从而造成事故。例如，在氯乙烯单体生成时，以乙炔和氯化氢为原料，如果氯化氢中含有微量的氯，就会与乙炔发生剧烈的化学反应并发生爆炸。有些化学原料含有的少量杂质可能在化学反应阶段不会造成太大的影响，但在物料不断循环使用或者单元操作时经过蒸发、蒸馏，使杂质在物料中不断浓缩和积累，如果这些杂质或副产物是敏感性物质，则在温度、压力、撞击等外来能量的影响下会发生爆炸等事故。因此，对参与化学反应的原料、辅助材料，操作人员除了要掌握好主要成分的含量外，还应对所含的杂质进行严格的检验和控制，必要时应进行在线分析自动控制以保证安全生产。

2. 投料顺序控制

参与化学反应的物料其投料的先后顺序十分重要。某些反应投料顺序的错误可导致危险的化学反应发生而引起事故。例如，以氯气和氢气为原料合成氯化氢时，操作人员必须使氢气先进入合成炉，如果氯气先进入合成炉，就可能在点火时发生爆炸。一些高分子化合物的聚合反应，根据不同的反应阶段，操作人员要向反应釜中加入引发剂、分散剂、终止剂等各种助剂，如果程序出错，也会引起重大事故。为防止投料顺序的错误。一些主要的物料在投料时，我们应该实行一人操作一人复核，对一些复杂的工艺程序可通过可编程序自动化控制，防止人为失误。

3. 投料配比控制

参与化学反应的物料应严格按照工艺规程规定的比例进行计量配置，对影响配料比例的物料浓度、流量等因素，都要按照有效成分进行计量；对某些连续化程度较高的反应过程、释放热量较大的放热反应，更要做到精确的计量配比。有些气相化学反应，其物料配比往往十分接近爆炸极限，一旦比例失控就可能被很小的点火源引爆造成事故。对这类反应，操作人员一般都采取计算机集散控制技术对反应系统进行自动控制，在系统中还应设置相应的在线分析仪器，出现数据异常可自动调节直至切断，防止事故发生。

4. 投料速度控制

对于放热反应，投料速度不能超过反应设备传递反应热量的能力。投料速度越快，投料量越多，反应放出的热量越高。当设备冷却能力来不及将反应热及时移出反应器时，反应器将出现温度失控而引起事故。化学反应要求有一定的起始反应温度，在反应初期，物料没有达到控制温度时，如果加料速度过快，则会造成原料来不及反应而在反应器内积累，形成过量，一旦达到适宜的反应温度，就会因物料过多而引起剧烈的反应，此时，放热量会远远超过设备冷却能力而导致失控引发事故。投料速度快，投料量大，设备生产能力就大，但操作难度也增加，安全可靠性就降低。在现实生产中不乏为了缩短反应时间提早结束反应而进行的违章作业，如加快投料速度、增加投料量，这将会引发冲料的火灾爆炸事故。

（二）温度控制

温度是化学反应中重要的技术控制指标，反应温度与化学反应的热效应密切相关，热危险性是化学反应引发事故最重要的危险因素。一般化学反应过程都同时伴随着吸热和放热过程（大多数化学反应表现为放热反应）。因此，操作人员应该掌握化学反应热危险性的规律，在反应的不同阶段及时向反应系统输送热量或将热量输送到反应系统中，使化学反应在适宜的温度条件下进行，这样才能防止发生超温事故。在化学反应过程中，操作人员主要采取以下措施进行温度控制：

（1）从反应系统移出反应热量。设计人员应根据不同化学反应热效应和物质形态的特点，设计、配置相应的换热方式和相应的换热器，达到移出或提供反应热量，实现控制反应温度的目的。通常情况下，利用反应器的外壁设置夹套或者半管式换热器，我们可以在反应器内设置蛇形管或其他形式的换热器，或者在反应器外设外循环式换热器，对反应物料进行强制循环换热，达到对反应过程的温度控制。

（2）采取一些特殊结构的反应器或者在工艺上采取一些相应措施转移化学反应释放出来的热量。例如，对一些反应温度高的放热反应，企业可以配备相应的余热锅炉，将化学反应热转换成蒸气供给其他产品使用。这样既达到控制反应温度的目的，又可回收热能，实现节能降耗。有些反应过程会向反应器内通入其他介质，如水蒸气或一些惰性气体，我们利用这些气体的吸热作用带走反应器中的一部分热量。

（3）根据参与反应物料的物理化学特性和反应器的结构，在反应设备上安装不同形式的搅拌器。通过均衡的搅拌能使参与反应的物料均匀接触，各点热量散发相对均衡，同时也使反应物料能更充分地和换热器进行热交换，提高冷却（或加热）的效果，使反应器内各点的温度控制更合理。为了防止由于搅拌故障引起的事故，对一些危险程度较高的化学反应，企业通常采取以下一些预防性措施：对搅拌器的电源实现双回路电源供电，或增设人工搅拌；加强对搅拌机械的强制性维修保养，使之处于良好的状况；增加惰性气体应急搅拌措施；设置自动报警的紧急切断系统，当发生搅拌故障时，能及时进行声光报警和自动切断进料，开足冷却水等。

（4）根据化学反应特点选择合适的传热介质。化工生产中常用的传热（冷却）介质主要有水、热水、水蒸气、碳氢化合物（矿物油）、熔盐、熔融金属、烟道气、冰盐水、氨、液态烃等。在使用传热介质时，我们首先要根据该化学反应的正常温度范围来选择适当的传热介质，并应保持相对稳定的流量和温度，使传热介质与反应热的传递保持相对稳定的热交换量，达到温度控制的目的。在化工生产中一般温度下的化学反应常用自来水（循环使用）、普通，冷盐水、饱和蒸汽、过热蒸汽作为冷却或加热介质。当反应温度超过 200℃时，可使用碳氢化合物（矿物油）等物质作为传热介质，或使用电加热等方式进行换热。有些反应温度需要达到 300℃甚至更高时，可使用熔盐甚至烟道气进行换热。对于一些需要在低温条件下才能进行的化学反应，可以用液氮、液氨的冷量来达到较低的反应温度。

（5）温度异常时的控制。当反应温度出现不正常情况时，技术人员要准确分析判断造成温度偏低或偏高的原因，不能盲目采取措施，否则可能造成操作失误，具体措施如下：当放热反应尚未达到正常控制的反应温度时，切不能用加大投料，通过释放反应热来提高温度，而应适当提高加热蒸汽的流量，使反应器物料达到设定的温度；当出现温度异常而投料的各项控制均正常时，应该适时调整冷（热）载体的流量；如果检查发现温度异常是由于投料过量造成的，则应及时调整投料量（或速度），必要时同时调节载体流量；对于多点测温的反应器，应经常检查有无个别测量点异常，出现异常应及时准确判断有无局部过热、过度反应、结垢甚至泄漏等隐患；对一些危险工艺，温度控制应设置异常情况的报警设施和自动切断装置。

（三）压力控制

压力是化工生产装置运行过程中的重要参数，很多化学反应过程需要在密闭的反应器及一定的压力条件下进行。从安全的角度，一般化学反应的压力分为低压（1 MPa 及以下）、中压（1 ~ 20 MPa）、高压（20 ~ 100 MPa）和超高压（>100 MPa）四个等级。大部分化学反应都是在低压条件下进行的。从化学反应的机理方面，增大压力有利于分子减少、体积缩小的反应，反之则可减小压力。因此，有些反应必须控制在较高的压力条件下进行。例如，合成氨、聚乙烯都在高压或超高压条件下进行，加氢反应一般也需要较高的压力；对于增加分子、体积增大的一些化学反应，如裂解、脱氢等则可在常压条件下进行，甚至在反应器中增加蒸汽等，用水蒸气进行稀释从而降低原料气的分压，有利于反应的进行。由于超温、超压经常造成火灾爆炸等恶性事故，因此对压力的控制有效与否直接关系到化工安全生产。在化学反应过程中，操作人员主要采取以下措施进行压力控制：

（1）同一物质往往可以通过多种合成工艺路线得到，应尽可能选择较低压力的工艺路线。对现有的工艺路线也可以通过改进催化剂等方法寻找降低反应压力的途径。

（2）控制好化学反应的投料量和反应温度，防止出现剧烈的化学反应造成温度失控的同时带动压力的失控。例如。强放热反应控制不当会因超温引起超压；聚合反应会因操作失误或外来因素影响（如停电）引起爆聚而使压力失控。某些敏感性物质在反应器中积聚后产生剧烈的分解反应，也会引起压力失控。因此，出现压力异常波动时，技术人员应分析原因，及时采取可靠的措施。

（3）为防止反应压力对安全生产的威胁，在技术装备上，我们一般采取以下安全保障措施：根据反应压力和物质的理化特性选择合理的设备材质，按照压力容器的现有规范设计、制造、安装反应系统的设备、管道及附属设施；反应类压力容器及系统中应安装足够数量的压力表、安全阀、防爆膜；配置压力指示仪表、超压声光报警及超压自动切断装置。

第二节　典型化学反应及其危险性分析

一、氧化反应

按照化学原理，氧化反应可分别从广义和狭义两个角度进行定义。从广义上说，失去电子就是氧化，得到电子就是还原，也就是说，一种物质失去电子，另一种物质变成电子。因自身被氧化而还原的物质称为还原剂，这种能将其他物质氧化而自身还原的物质称为氧化剂。氧化剂所获得的电子的数量等于还原剂中失去电子的数量，其实质是电子的传递。从广义上说，物质与氧化合反应称为氧化反应。

氧化反应的危险性源于其反应为放热反应，氧化剂与还原剂的混合物被加热后，其反应速度加快，一旦失去控制则会发生燃烧与爆炸事故。有效地控制温度和冷却是最基本、最重要的安全控制措施。

气相氧化反应是应用比较广泛的化学反应过程，其氧化剂为空气，一般氧化反应的顺利进行需要催化剂的存在。氨气被空气氧化为氧化氮，甲醇蒸气被空气氧化成甲醛，乙烯被空气氧化成环氧乙烷。氧化法的启动（或称加速）需要加热，而反应正常进行时会释放大量热量，气相催化氧化反应一般是在 250 ~ 600℃的高温下进行。这种高温下，一旦原料配比失调，浓度比例达到相应的爆炸极限，就会发生剧烈爆炸。为维持一定的反应速度，某些物质的氧化浓度控制点接近爆炸极限的下限或上限。举例来说，在氧气中，乙烯的爆炸极限是 91%，此时的氧气浓度为 9%。氧化法生产环氧乙烷的装置系统中，氧含量必须严格控制在 9%以下。产品环氧乙烷除可与氧气混合形成爆炸性混合物外，还具有分解爆炸的特性，因此产品在空气中的爆炸极限范围为 3% ~ 100%。

在工业生产过程中，我们常常加入氮气、二氧化碳、甲烷等惰性气体，这样可以缩小混合气体的爆炸极限范围，降低爆炸的危险性。此外，在反应器前后的管道上应安装阻火器，这样可以阻止火焰蔓延，防止回火，使燃烧不致影响其他系统，这是防止氧化反应器在发生爆炸或燃烧时危及人身和设备安全的重要措施。在反应器上安装泄压装置，可以防止物理爆炸事故发生。

过氧化物不仅具有强的氧化性，而且自身还会发生分解爆炸，具有更大的危险性，所以要控制氧化过程中生成过氧化物的量。乙醛氧化生产乙酸过程中就有过氧乙酸伴随生成，其性质极不稳定，受到高温、摩擦或撞击就会分解爆炸。

无机强氧化剂和有机过氧化物，如高锰酸钾、氯酸钾、铬酸酐、过氧化钠、过氧乙酸等，与有机物、酸类接触，均可能引起爆炸或燃烧。

使用硝酸、高锰酸钾等氧化剂进行氧化时，操作人员应该严格控制加料速度，防止多加、错加。固体氧化剂应该粉碎后使用，最好呈溶液状态使用，反应时要不间断地搅拌，防止局部反应过快，高温引发爆沸或冲料。氧化反应系统一般应设置氮气或水蒸气灭火装置。

二、还原反应

除了常规还原剂能将氧化性物质还原外，氢气与不饱和键的加法也属于还原反应，常用的还原剂有铁（铸铁屑）、硫化钠、亚硫酸盐（亚硫酸钠、亚硫酸氢钠）、锌粉、保险粉、分子氢等。由于在某些还原反应中生成或使用氢气，因而火灾爆炸的危险性很大。以下是一些典型的还原反应。

（一）利用初生态氢还原

与新生态氧具有极强的氧化性一样，初生态氢也具有极强的还原性。由于硝基苯在盐酸溶液中被铁粉还原成苯胺，铁粉和锌粉在潮湿空气中遇酸性气体时可能引起自燃，因此操作人员在储存时应特别注意。

在反应时，酸的浓度要控制在适宜浓度，浓度过高或过低均使产生初生态氢的量不稳定，使反应难以控制。反应温度也不宜过高，否则容易突然产生大量氢气而造成冲料。反应过程中应注意搅拌效果，以防止铁粉、锌粉下沉。一旦温度过高，底部金属颗粒翻动，将产生大量氢气而造成冲料。反应结束后，反应器内残渣中仍有铁粉、锌粉在继续作用，不断放出氢气，很不安全，应放入室外储槽中，加冷水稀释，槽上加盖并设排气管以导出氢气。待金属粉消耗殆尽，再加碱中和。若急于中和，则容易产生大量氢气并生成大量的热，将导致燃烧爆炸。

（二）在催化剂作用下加氢

以雷内镍（Raney-Ni）、钯炭等为催化剂，将氢气活化，之后与含有不饱和键的有机物分子进行加成还原反应，这是有机合成过程中常用的催化加氢方法。

催化剂雷内镍和钯炭在空气中吸潮后有自燃的危险，钯炭更易自燃，平时不能暴露在空气中，而要浸在酒精中。反应前必须用氮气置换反应器的全部空气，经检测证实含氧量降低到符合要求后，方可通入氢气。反应结束后，应先用氮气把氢气置换掉，并以氮封保存。

利用初生态氢还原是生成氢气的过程，催化加氢是使用氢的过程，两个过程都是在氢气氛围中进行的，而且需要加热、加压。由于氢气的爆炸极限下限较低，爆炸范围很宽（4%～75%），所以设备泄漏或操作失误，以及温度、压力、流量等技术参数控制不严，都极易引起爆炸。厂房开设天窗或风帽，使氢气易于飘逸，可减少爆炸性混合气体形成的机会；电气设备选用符合要求且质量合格的产品可防止电火花引火源的存在。高温高压下的氢对金属有渗碳作用，氢气将金属中的碳还原成气态物质，会造成"氢脆"腐蚀。

（三）使用其他还原剂还原

在常用还原剂中，火灾危险性大的还有硼氢类还原剂、四氢化锂铝、氢化钠、保险粉（连二亚硫酸钠 $Na_2S_2O_4$）、异丙醇铝等。常用的硼氢类还原剂为硼氢化钾和硼氢化钠，硼氢化钾通常溶解在液碱中比较安全。它们都是遇水燃烧物质，在潮湿的空气中能自燃，遇水和酸即分解放出大量的氢，同时产生大量的热，可使氢气燃爆。硼氢类还原剂要储存于密闭容器中，置于干燥处。在生产中，调节酸、碱度时要特别注意防止加酸过多、过快。

四氢化锂铝有良好的还原性，但遇潮湿空气、水和酸极易燃烧，应浸没在煤油中储存。使用时应先将反应器用氮气置换干净，并在氮气保护下投料和反应。反应热应由油类冷却剂移走，不应用水，防止水漏入反应器内发生爆炸。用氢化钠作还原剂与水、酸的反应与四氢化锂铝相似，它与甲醇、乙醇等反应相当激烈，有燃烧、爆炸的危险。

保险粉是一种还原效果不错且较为安全的还原剂。它遇水发热，在潮湿的空气中能分解析出黄色的硫黄蒸气。硫黄蒸气自燃点低，易自燃，使用时应不断搅拌，将保险粉缓缓溶于冷水中，待溶解后再投入反应器与物料反应。

异丙醇铝常用于高级醇的还原，反应较温和，但在制备异丙醇铝时需加热回流，将产生大量氢气和异丙醇蒸气，如果铝片或催化剂三氯化铝的质量不佳，反应就不正常，往往先是不反应，温度升高后又突然反应，引起冲料，增加了燃烧、爆炸的危险性。在还原过程中采用危险性小而还原性强的新型还原剂对安全生产很有意义。例如，用硫化钠代替铁粉还原，可以避免氢气产生。

三、硝化反应

（一）硝化反应及硝化生产

硝化反应，硝化是向有机化合物分子中引入硝基的过程，硝基就是硝酸失去一个羟基形成的一价的基团。

硝化反应的机理主要分为两种，对于脂肪族化合物的硝化一般是通过自由基历程来实现的，其具体反映比较复杂，在不同体系中均有所不同，很难有可以总结的共性，故这里不予列举。而对于芳香族化合物来说，其反应历程基本相同，是典型的亲电取代反应。硝化反应是合成炸药及许多染料、药物中间体的反应，涉及很多工艺过程，用途极为广泛。由于硝化反应属于强放热反应，过程控制难度较大。硝化反应产物，即硝基化合物一般都具有爆炸危险性，特别是多硝基化合物，受热、摩擦或撞击都可能引起爆炸。硝化工序所使用的有机化合物原料，如苯、甲苯、苯酚等都是易燃易爆物质。作为硝化剂的浓硝酸和浓硫酸都是强氧化性和强腐蚀性物质。以上这些特点就决定了硝化反应属于危险性极大的反应，一旦发生事故则后果惨重。

硝化反应中常用的硝化剂是浓硝酸或硝硫混酸（浓硝酸和浓硫酸的混合物）。对于难硝化的物质以及制备多硝基物时，常用硝酸盐代替硝酸，先将被硝化的物质溶于浓硫酸中，然后在搅拌下将某种硝酸盐渐渐加入浓酸溶液中。另外，氧化氮也可以做硝化剂。一般是在严格控制温度的条件下，将混酸滴入反应器中。硝化过程中，控制硝化剂浓度、反应温度、反应速度是安全生产的关键，因此需要良好的冷却和搅拌，中途不得断电和停水，搅拌器不能发生故障，能够自动报警并自动停止加料。

（二）硝硫混酸制备

常用的硝化剂是硝硫混酸，硝酸作为硝化反应物，硫酸作为催化剂。在配制混酸之前，操作人员要用水将浓硫酸适当稀释，在不断搅拌和冷却的前提下，将浓硫酸缓慢倒入水中。需要注意的是，操作人员不能将浓硫酸注入水中，否则水将被稀释热快速汽化而迸溅，轻则损毁衣物，重则灼伤皮肤。如果用浓硫酸直接加入到硝酸中，则浓硫酸猛烈吸收硝酸中的水分，使混合酸液温度急剧升高，硝酸分解出氮氧化物气体，引起爆沸冲料或爆炸。

（三）硝化设备

搅拌式反应器是常用的硝化设备，该设备由锅体（或釜体）、搅拌器、传动装置、夹套和蛇形管组成，一般是间歇操作。物料自上部加入消化器内，搅拌器将物料迅速混合。通过切换，操作人员可以根据需要在夹套或蛇管内通入蒸汽加热，或通入冷却水或冷冻剂进行冷却。为了加大冷却能力，设备侧面的器壁做成波浪形以加大冷却面积，而且设备的盖上装有附加的冷却装置。

间歇式操作设备不能实现自动化，而且每次投入的物料量也多。多段式硝化设备可使硝化过程实现连续化。连续硝化不仅可以显著地减少能量的消耗，也可以减少每次投料量，降低爆炸中毒的危险。

当遇到水时，硝化物受热迅速升高，反应过程迅速，会分解生成气体物质，发生爆炸。为防止硝化器夹套中冷却水沿被腐蚀的焊缝进入硝化器内，冷却水的压力应微呈负压，因此要在水引入管上安装压力计，并在进水管及排水管上都需要安装温度计。

检测硝化物料是否进入夹套冷却水的方法是在出水口安装电导自动报警器。少量强酸进入水中，则电离产生大量的氢离子，导致电导率急剧增大，并发出报警信号。

（四）硝化过程安全技术

硝化是强放热反应，其放热集中，因而热量的移除是控制硝化反应的突出问题之一。因此，在硝化过程中，操作人员应该采取以下安全措施：

（1）严格控制硝化反应温度：采用双重阀门控制硝化剂加料速度；设置备用

的冷却水源系统；搅拌机应当有自动启动的备用电源，以防止机械搅拌在突然断电时停止而引起事故。为防止万一，操作人员还应设置人工搅拌和惰性气体搅拌的辅助系统；安装温度检测装置；安装温度自动调节装置，防止超温发生爆炸；严格防止有机物的氧化。

（2）防止有机物进入硝化器。由填料（轴封处）落入硝化器中的润滑油能引起爆炸事故，因此，在硝化器盖上，操作人员不得放置用油浸过的填料。在搅拌器的轴上，我们应备有小槽，以防止齿轮上的油落入硝化器中，或采用硫酸作润滑剂来润滑搅拌轴，而不用机油或甘油，温度计套管也用硫酸作导热剂。

（3）安装特制的真空取样用仪器，实现取样操作机械化，避免发生灼伤和试样突然着火烧伤事故。

（4）采用密闭化措施，防止压出物料时散发出大量有害气体或蒸汽。

严防硝化物料溅到蒸汽管道等高温表面上而引起爆炸或燃烧。如管道堵塞时，可用蒸汽加温疏通，操作人员千万不能用金属棒敲打或明火加热。

（5）防止高爆炸危险物质生成。即使在高温下，二硝基苯酚也无太大的危险，但形成三硝基苯酚盐时，则变为非常危险的物质。三硝基苯酚盐（特别是铅盐）具有很大的爆炸力。合成硝基甲苯时会生成少量的多硝基化合物，其爆炸危险性远高于硝基甲苯，在进行真空蒸馏分离时，其残余物接触空气中的氧气时能发生爆炸。

（6）防止引火源引发爆炸。车间内禁止带入火种，电气设备要采用防爆型。当设备需动火检修时，操作人员应拆卸设备和管道，并移至车间外安全地点，用水蒸气反复冲刷残留物质，经分析合格后，可实施焊接。需要报废的管道，操作人员应专门处理后堆放起来，不可随便拿用，避免意外事故发生。

（7）应急处理措施。在发生事故时，操作人员应立即将料放出，因此硝化器应附设相当容积的紧急放料槽。放料阀可采用自动控制的气动阀和手动阀并用。

四、氯化

以氯原子取代有机化合物中氢原子的反应称为氯化，取代反应的副产物为氯化氢，其被水吸收后成为盐酸。氯甲烷、氯乙烷、氯苯、氯甲苯、氯化石蜡、氯乙酸等常见物质都是通过氯化反应合成的。最常用的氯化剂是氯气（气态或液态），此外还有气态氯化氢和各种浓度的盐酸、三氯氧磷、三氯化磷、二氯硫酰、

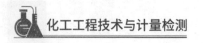

次氯酸钙等。

化学工业中，氯通常是在液化之后储存和运输的。常见的容器有储罐、气瓶、槽车等。气瓶内的液氯在进入气化器前必须进入蒸发器以使其蒸发。氯气的气瓶或槽车不能作为储罐使用，因为这有可能使被氯化的有机物倒流进气缸或槽车，造成爆炸。一种预防方法是安装止逆阀。对一般的氯化设备，应安装氯气缓冲罐，以防止在断流或压力降低时产生倒流。

氯气属于剧毒化学品，车间的最高允许体积质量为 1 mg/m³，因其多以液化气体的形式储存和运输，一旦泄漏则危害范围较大。被氯化的物质大多是有机物，易燃甚至易爆，所以生产过程有燃烧爆炸危险。氯化反应是一个放热过程（有些是强放热过程，如甲烷氯化，每取代原子氢，放出热量 100 千焦以上），尤其在较高温度下进行氯化，反应更为激烈。例如，在环氧氯丙烷生产中，丙烯预热至 300℃左右进行氯化，反应温度可升至 500℃，在这样高的温度下，如果物料泄漏就会造成燃烧或引起爆炸。因此，一般氯化反应设备必须备有良好的冷却系统，严格控制氯气的流量，以避免因氯流量过大，温度急剧升高而引起事故。从以上分析可知，氯化反应的危险性主要决定于反应物质的性质及反应过程的控制条件。

钢瓶中的液氯在使用时要在汽化装置中汽化，汽化装置被加热至不高于50℃的温度即可。氯气经减压阀门减压并调节流量后，通过流量计和单向阀进入氯化设备。汽化过程是减压相变过程，也是一个强烈的吸热过程，流量越大吸热越多。氯气被冷却，氯气的紫铜导气管外面通常附着一层白霜（空气中水蒸气凝结并结冰所致）。如果所需氯气流量较大，可以将几个气瓶并联使用。

氯化反应过程的主要危险是氯气泄漏，因此在液氯气化、管道输送、氯化反应、气吸收等阶段都要采取防范泄漏的措施。

五、裂解反应

高温条件下，有机化合物分子的断裂和断裂形成小分子的反应称为裂解。工业化生产中的裂解是在隔离空气的高温条件下完成的，取决于催化剂的使用与否，又可分为催化裂解和热裂解；根据使用添加剂的不同，也有水蒸气裂解、加氢裂解等区别；根据裂解温度的不同，分为裂化和裂解，一般 600℃以下的过程称为裂化，600℃以上所进行的过程称为裂解。在石油炼制工业中，裂解工序将大分子原油组分裂解为小分子物质，生成汽油、煤油等低分子量的成品油；石油化工中的裂解主要用于生产乙烯、丙烯、乙炔、联产丁二烯、苯、甲苯、二甲苯等化工产品。精炼产品对轻质油（如汽油）的需求较大，但直接蒸馏得到的直馏汽油等轻质油的数量受原油中轻组分含量的限制。此外，直馏汽油主要含有直链烷烃，辛烷值（衡量汽油在汽缸内抗爆性的数字指标）较低。裂化的目的是通过裂化反应，将高碳烃（碳原子数多、碳链较长的烃）断链生成低碳烃，同时增加环烷烃、芳香烃和带侧链烃的数量，从而增加汽油等轻馏分的产量，质量也得到提高。

在裂解过程中，其主要危险因素包括以下三个方面：

（一）引风机故障

引风机的作用是不断排出裂解炉内的烟气。在裂解炉正常运行中，如果由于断电或引风机机械故障而使引风机突然停转，则炉膛内很快变成正压，会从窥视孔或烧嘴等处向外喷火，严重时会引起炉膛爆炸。应急处理措施包括：设置连锁装置，一旦引风机故障停车，则裂解炉自动停止进料并切断燃料供应；继续供应稀释蒸汽，以带走炉膛内的余热。

（二）燃料气压力降低

裂解炉是靠燃料油或燃料气的燃烧来提供热量的，经热传导保持被裂解物的高温。在裂解炉正常运行中，如燃料系统大幅度波动，燃料气压力过低或燃料油的压力降低，则可能造成裂解炉烧嘴回火，使烧嘴烧坏，甚至会引起爆炸。当出现燃料供给量异常减少时，应自动切断燃料的供应，同时停止进料。

（三）其他公用工程故障

裂解炉其他公用工程（如锅炉给水）中断，则废热锅炉汽包液面迅速下降，如不及时停炉，必然会使废热锅炉炉管、裂解炉对流段锅炉给水预热管损坏。

六、聚合反应

在塑料、树脂、合成橡胶、人造纤维等工业，聚合反应是基础的合成过程。由小分子单体聚合成大分子聚合物的反应称为聚合反应。聚合反应的类型很多，按聚合物和单体元素的组成和结构，可分成加聚反应和缩聚反应两大类。

单体经加成反应而聚合的反应称为加聚反应。乙烯、氯乙烯、苯乙烯等聚合成聚乙烯、聚氯乙烯、聚苯乙烯的反应都属于加聚反应。加聚反应产物的元素组成与原料单体相同，只是结构不同，其分子量是单体分子量的整数倍。

如果在聚合反应中除生成聚合物外，同时还生成其他低分子副产物，则聚合反应称为缩聚反应。缩聚反应的单体分子中都有官能团，根据单体官能团的不同，低分子副产物可能是水、醇、氨、氯化氢等。按照聚合方式，聚合反应可以分为以下五种：

（一）本体聚合

本体聚合是在没有其他介质的情况下（如乙烯的高压聚合、甲醛的聚合等），用浸在冷却剂中的管式聚合釜（或在聚合釜中设盘管、列管冷却）进行的一种聚合方法。这种聚合方法往往由于聚合热不易传导散出而导致危险。例如，在高压聚乙烯生产中，每聚合 1kg 乙烯会放出 3.8MJ 的热量，倘若这些热量未能及时移去，则每聚合 1% 的乙烯，即可使釜内温度升高 12 ~ 13℃，待升高到一定温度时，就会使乙烯分解，强烈放热，有发生暴聚的危险。一旦发生暴聚，则设备堵塞，压力骤增，极易发生爆炸。

（二）溶液聚合

单体、引发剂（催化剂）溶于适当溶剂中进行聚合的过程。溶剂一般为有机溶剂，也可以是水，视单体、引发剂（或催化剂）和生成聚合物的性质而定。如果形成的聚合物溶于溶剂，则聚合反应为均相反应，这是典型的溶液聚合；如果形成的聚合物不溶于溶剂，则聚合反应为非均相反应，称为沉淀聚合，或称为溶液聚合。

聚合体系的黏度比本体聚合低，混合和散热比较容易，生产操作和温度都易于控制，还可利用溶剂的蒸发以排除聚合热。若为自由基聚合，单体浓度低时可不出现自动加速效应，从而避免暴聚并使聚合反应器设计简化。缺点是对于自由基聚合往往收率较低，聚合度也比其他方法小，使用和回收大量昂贵、可燃、甚至有毒的溶剂，不仅增加生产成本和设备投资、降低设备生产能力，还会造成环境污染。如要制得固体聚合物，还要配置分离设备，增加洗涤、溶剂回收和精制等工序。所以在工业上只有采用其他聚合方法有困难或直接使用聚合物溶液时，才采用溶液聚合。

工业上根据聚合体系的性质、产物的用途以及是否容易大型化等因素，选择应用聚合方法。

（1）对于离子聚合或配位聚合反应，由于聚合常采用有机金属化合物和路易斯酸作催化剂，催化剂易被水破坏，所以不能选用以水为介质的悬浮聚合或乳液聚合方法，只能在非质子有机溶剂中进行溶液聚合或本体聚合。

（2）对于平衡常数大的逐步聚合或缩聚反应，由于容易达到平衡，获得高分子量产物，也常选用溶液聚合，如聚酰胺合成前期，聚砜、聚苯醚的合成等；有的单体，其熔点很高或熔点高于分解温度，也选用溶液聚合。

（3）直接使用聚合物溶液的场合，如涂料、浸渍剂、纺丝液、胶粘剂，或使聚合物继续转化等，采用溶液聚合。

在化工业上溶液聚合可采用连续法和间歇法，大规模生产常用连续法。聚合反应器一般为搅拌釜，有的釜顶装有冷凝器供溶剂回流冷凝；釜内通常不装内冷管等换热器以防粘壁。

（三）悬浮聚合

悬浮聚合是用水作分散介质的聚合方法。它是利用有机分散剂或无机分散剂，把不溶于水的液态单体，连同溶解在单体中的引发剂经过强烈搅拌，打碎成小珠状，分散在水中成为悬浮液，在极细的单位小珠液滴（直径为 $0.1\mu m$）中进行聚合，因此又叫珠状聚合。这种聚合方法在整个聚合过程中，如果没有严格控制工艺条件，致使设备运转不正常，则易出现溢料事故。溢出物料在水分蒸发后，未聚合的单体和引发剂遇火源极易引发着火或爆炸事故。

（四）乳液聚合

乳液聚合是单体在乳化剂存在下，经搅拌使之分散于水中成为乳状液，然后被水溶性引发剂引发聚合的方法。使用水溶性引发剂，聚合物的粒子直径小（nm级），稳定性好。在造纸工业中可用于涂布胶乳、纸张表面处理剂、防油隔离剂、纸张增强剂、粘合剂等。

这种聚合方法常用无机过氧化物（如过氧化氢）作引发剂，如若过氧化物在介质（水）中配比不当，浓度太高，反应速度过快，会发生冲料，同时在聚合过程中还会产生可燃气体。

（五）缩合聚合

缩合聚合也称缩聚反应，是具有两个或两个以上功能团的单体相互缩合，并析出小分子副产物而形成聚合物的聚合反应。缩合聚合是吸热反应，但如果温度过高，也会导致系统的压力增加，甚至引起爆裂，泄漏出易燃易爆的单体。

由于聚合物的单体大多数都是易燃、易爆物质，聚合反应多在高压下进行，反应本身又是放热过程，如果反应条件控制不当，很容易出事故。聚合反应过程中的不安全因素主要有：单体在压缩过程中或在高压系统中泄漏，发生火灾爆炸；聚合反应中加入的引发剂都是化学活泼性很强的过氧化物，一旦配料比控制不当，容易引起暴聚，反应器压力骤增易引起爆炸；聚合反应热未能及时导出，如搅拌发生故障、停电、停水，由于反应釜内聚合物粘壁作用，使反应热不能导出，造成局部过热或反应釜超温，发生爆炸。针对上述不安全因素，应设置可燃气体检测报警器，一旦发现设备、管道有可燃气体泄漏，将自动停车。

对催化剂、引发剂等要加强储存、运输、调配、注入等工序的严格管理。反应釜的搅拌和温度应有检测和连锁，发现异常能自动停止进料。高压分离系统应设置爆破片、导爆管，并有良好的静电接地系统，一旦出现异常，及时泄压。

七、磺化

磺化是在有机化合物分子中引入磺酸基的反应。常用的磺化剂有发烟硫酸、亚硫酸钠、亚硫酸钾、三氧化硫等。阴离子表面活性剂原料十二烷基苯磺酸及氨基苯磺酸等具有磺酸基的化合物及其盐都是经磺化反应生成的。

磺化反应的危险性主要源于磺化剂的强腐蚀性、强氧化性、反应放热等特性。发烟硫酸中的三氧化硫含量远高于98%硫酸，脱水性、氧化性也强于浓硫酸，以发烟硫酸为磺化剂的磺化反应所具有的危险性与硝化反应类似。用三氧化硫作为磺化剂时，如遇到比硝基苯更易燃的物质时会很快引起着火。

磺化反应生产过程所用原料苯、硝基苯、氯苯等都是可燃物，而磺化剂发烟硫酸、三氧化硫、氯磺酸（列入剧毒化学品名录）都是具有氧化性的物质，这样就具备了可燃物与氧化剂作用发生放热反应的燃烧条件，所以磺化反应是十分危险的。由于磺化反应是放热反应，所以投料顺序颠倒、投料速度过快、搅拌不良、冷却效果不佳等都有可能造成反应温度升高，使磺化反应变为燃烧反应，引起着火或爆炸事故。如果加料过程中停止搅拌或搅拌速度过慢，则易引起局部反应物浓度过高，局部温度升高，不仅易引起燃烧反应，还能造成爆炸或起火事故。如果反应中有气体生成，则加料过快会造成沸溢，比如发烟硫酸与尿素反应生成氨基磺酸。

八、烷基化

在有机化合物中的氮、氧、碳等原子上引入烷基的化学反应称为烷基化（亦称烃化），被引入的烷基可以是甲基、乙基、丙基、丁基等，甚至是十二烷基。常用作烷基化剂的化合物为烯烃、卤代烃、醇等活泼性有机化合物，如利用苯胺和甲醇作用制取二甲基苯胺。

烷基化反应的危险性主要源于被烷基化物质、烷基化剂、催化剂、烷基化产物的高火灾爆炸危险性。

苯是常见的被烷基化的物质，属于甲类液体，闪点 –11℃，爆炸极限1.5%～9.5%；苯胺是丙类液体，闪点 71℃，爆炸极限 1.3%～4.2%。

烷基化剂的分子量小，一般比被烷基化物质的火灾危险性要大，如丙烯是易燃气体，爆炸极限 2%～11%；甲醇是甲类液体，爆炸极限 6%～36.5%；即使是十二烯也是乙类液体，闪点 35℃，自燃点 220℃。

烷基化过程所用的催化剂，如三氯化铝、三氯化磷，都是忌湿物质，遇水分解放热，放出强腐蚀性的氯化氢气体，且易引发火灾。

烷基化的产品亦有一定的火灾危险。如异丙苯是乙类液体，闪点 35.5℃，自燃点 434℃，爆炸极限 0.68%～4.2%；二甲基苯胺是丙类液体，闪点 61℃，自燃点 371℃；烷基苯属于难燃液体，闪点 127℃。

烷基化反应一般是按原料、催化剂、烷基化剂次序加料，如果顺序颠倒、加料速度过快、停止搅拌则可能发生剧烈反应，引起跑料。

九、重氮化

重氮化是使芳伯胺变为重氮盐的反应。通常是把含芳胺的有机化合物在酸性介质中与亚硝酸钠作用，使其中的氨基转变为重氮基的化学反应。重氮化过程中的主要危险性如下：

第一，重氮化反应的主要火灾危险性在于所产生的重氮盐，如重氮盐酸盐、重氮硫酸盐，特别是含有硝基的重氮盐，如重氮二硝基苯酚等，它们在温度稍高或光的作用下，极易分解，有的甚至在室温时亦能分解。一般每升高10℃，分解速度加快两倍。在干燥状态下，有些重氮盐不稳定，活性大，受热或摩擦、撞击能分解爆炸。含重氮盐的溶液若洒落在地上、蒸汽管道上，干燥后亦能引起着火或爆炸。在酸性介质中，有些金属如铁、铜、锌等能促使重氮化合物激烈地分解，甚至引起爆炸。

第二，作为重氮剂的芳胺化合物都是可燃有机物质，在一定条件下也有着火和爆炸的危险。

第三，重氮化生产过程所使用的亚硝酸钠是无机氧化剂，于175℃时分解能与有机物反应，发生着火或爆炸。亚硝酸钠不是强氧化剂，所以当遇到比其氧化性强的氧化剂时，又具有还原性，故遇到氯酸钾、高锰酸钾、硝酸铵等强氧化剂时，有发生着火或爆炸的可能。

第四，在重氮化的生产过程中，若反应温度过高、亚硝酸钠的投料过快或过量，均会增加亚硝酸的浓度，加速物料的分解，产生大量的氧化氮气体，有引起着火爆炸的危险。

第三节　化学反应设备

一、化学反应器的类型

反应器是用来进行物质化学反应的容器类设备，是化学反应能按照工艺要求得以顺利完成的硬件保证。由于化学反应千变万化，各种物质的化学性能差异很大，化学反应的温度、压力、物质状态错综复杂，因此，化学反应器的类型繁多，以下仅对几类使用较普通的反应设备做简单介绍。

（一）反应器的分类

反应器的种类很多，根据不同的特性有不同的分类方法。

1. 按反应器中参加化学反应的物料的状态分类

按反应器中参加化学反应的物料的状态，反应器可分为均相反应器和非均相反应器。均相反应器通常指气相反应器和液相反应器，非均相反应器则包括气—固相、气—液相、液—固相、气—液—固三相反应器等。

2. 按几何尺寸及构型分类

按反应器的高（长）度与直径之比，反应器可分为管式反应器、釜式反应器和塔式反应器三大类。管式反应器的形状特征是由高（长）径比很大（>30）的圆形空管构成。釜式反应器的形状特征是高（长）径比较小（<3），星圆釜状。塔式反应器的形状特征是高（长）径比为 10 左右。

3. 按操作方式分类

按生产操作方式不同，反应器可将反应器分为间歇式反应器、连续式反应器和半连续式反应器。

间歇式反应器的特点是将反应所需的原料一次投入反应器，然后进行反应，反应结束后全部卸出反应物料。反应过程中，反应器没有物料进出，适合于反应速率缓慢的化学反应及产量小的化学品生产过程。

连续式反应器的特点是连续将原料输入反应器，反应产物也连续不断地从反应器流出。大规模工业生产中大多采用连续反应设备。

半连续式反应器的特点是原料和产物中只有一种为连续输入或输出，而其余为分批加入或输出。

4. 按传热方式分类

化学反应总是伴随着热量的放出或吸收而进行的，正常的化学反应都必须保证一定的反应温度。按照反应器内热能的换热方式，反应器可分为间接换热式、直接换热式和绝热式三类反应器。

间接换热式反应器的特点是载热介质与反应物不直接接触，绝大多数反应器都采用间接换热方式。例如，在反应器内设置蛇管或列管换热器，利用反应设备外壁的夹套或半管换热器实现反应物料和热载体的换热。

直接换热式反应器的特点是热载体和反应物料在反应器内直接接触从而实现

换热。

绝热式反应器的特点是在反应过程中既不加入也不引出热量，主要靠进出料的热量变化维持反应所要达到的温度。这类反应器适用于反应热足以使反应物加热到所需反应温度的反应。

（二）几种应用较广的反应器结构

1. 釜式反应器

釜式反应器一般由金属圆柱筒体和上下顶盖组成，高（长）径比相近，一般高度略大于直径。釜的顶盖上有多处管口，用于往釜内加入物料，测量温度、压力等工艺参数，此外还备有管口便于安装安全阀、防爆片、放空管、阻火器等安全附件。较大的反应釜顶盖上还应留有入孔，便于设备内部维修，釜底留有出料管口及顶底阀，方便卸料。釜式反应器一般都带搅拌器，帮助反应物料搅拌混合，充分接触。

（1）水加热反应釜

当对温度要求不高时，可采用水加热反应釜，其加热系统有敞开式和密闭式两种。

敞开式较简单，它由循环泵、水槽、管道及控制阀门的调节器组成。当采用高压水时，设备机械强度要求高，反应釜外表面焊上蛇管，蛇管与釜壁有间隙，使热阻增加，传热效果降低。

（2）蒸汽加热反应釜

加热温度在100℃以下时，可用一个大气压以下的蒸汽来加热；当加热范围是100～180℃时，用饱和蒸汽；当温度更高时，可采用高压过热蒸汽。

（3）电加热反应釜

电加热反应釜是将电阻丝缠绕在反应釜筒体的绝缘层上，或安装在离反应釜若干距离的特设绝缘体上，便可用电来加热反应。前三种方法获得高温均需在釜体上增设夹套，由于温度变化的幅度大，使釜的夹套及壳体承受温度变化而产生温差压力。采用电加热时，设备较轻便简单，温度较易调节，而且不用泵、炉子、烟囱等设施，开动也非常简单，危险性不高，成本费用较低，但操作费用较其他加热方法高，热效率在85%以下，因此适用于加热温度在400℃以下和电能价格较低的地方。

（4）碳钢反应釜

碳钢反应釜适用于不含腐蚀性液体的环境，比如某些油品的加工。

（5）不锈钢反应釜

不锈钢反应釜具有优良的机械性能，可承受较高的工作压力，也可承受块状固体物料加料时的冲击。它的耐热性能好，工作温度范围广（-196 ~ 600℃），在较高温度下不会氧气起皮，可用于直接明火加热。

（6）搪玻璃反应釜

搪玻璃反应釜是将含高二氧化硅的玻璃，衬在钢制容器的内表面，经高温灼烧而牢固地密着于金属表面上成为复合材料制品。因此，搪玻璃反应釜具有玻璃的稳定性和金属强度的双重优点，是一种优良的耐腐蚀设备。

（7）钢衬反应釜

钢衬反应釜是用钢材做基体进行衬里，比如外面一层钢管，里面可以衬上橡胶、塑料等，以实现纯钢材无法避免的问题，如腐蚀介质，高温或低温介质。常见的有钢衬 PE 反应釜、钢衬 ETFE 反应釜等。

2. 管式反应器

在化工生产中，连续操作的长径比较大的管式反应器可以近似看成是理想置换流动反应器。它既适用于液相反应，又适用于气相反应。

（1）水平管式反应器

水平管式反应器由无缝钢管与 U 形管连接而成。这种结构易于加工制造和检修。高压反应管道的连接采用标准槽对焊钢法兰，可承受 1600 ~ 10000 kPa 压力。如用透镜面钢法兰，承受压力可达 10000 ~ 20000 kPa。

（2）立管式反应器

立管式反应器被应用于液相氨化反应、液相加氢反应、液相氧化反应等工艺中。

（3）盘管式反应器

盘管式反应器是将管式反应器做成盘管的形式，设备紧凑，节省空间。但检修和清刷管道比较困难。

（4）U 形管式反应器

U 形管式反应器的管内设有多孔挡板或搅拌装置，以强化传热与传质过程。U 形管的直径大，物料停留时间增长，可应用于反应速率较慢的反应。

（5）多管并联管式反应器

多管并联结构的管式反应器一般用于气固相反应，例如气相氯化氢和乙炔在多管并联装有固相催化剂的反应器中反应制氯乙烯，气相氮和氢混合物在多管并联装有固相铁催化剂的反应器中合成氨。

3.塔式反应器

塔式反应器是实现气液相或液液相反应的塔式设备，常见的塔式反应器包括鼓泡塔、填料塔、板式塔等。

（1）鼓泡塔

鼓泡式反应器（简单鼓泡塔）为内盛液体的空心圆筒，底部装有气体分布器，气体通过分布器上小孔鼓泡进入，液体可以间歇或连续加入反应器，连续加入的液体可以和气体并流或逆流，而以并流较为常见。

（2）喷雾塔

喷雾塔的结构也是空塔，与鼓泡塔不同的是其分布器安装在塔的顶部，输送的是液相物料。操作时，液相物料经料泵加压流出分布器（雾化器）时呈雾状液滴均匀喷入塔内；气相物料则在塔的下部进入反应塔，在上升过程中与下落的雾状液滴逆向碰撞，进行气液充分接触，完成化学反应。成品（液相）从塔底流出，尾气从塔顶放空。

（3）填料塔

填料塔本体与喷雾塔、鼓泡塔是一致的，但塔身安放有多种填料，以使两种物料有更大的接触面积，提高传质效果。堆放的填料根据工艺要求可以是散装的拉西环、鲍尔环、矩鞍环等，也可以使用各种形式的规整填料，如波纹规整填料、丝网规整填料。

（4）板式反应塔

板式塔是在塔内安装各种形式的多层塔板代替各种填料。气体由塔底部上升时穿过筛板上的小孔与从上而下的物料液层进行充分接触，完成化学反应。

4.固定床反应器

固定床反应器又称填充床反应器，内部装填有固体催化剂或固体反应物，以实现多相反应。固体物通常呈颗粒状，堆积成一定高度（或厚度）的床层，床层静止不动，流体通过床层进行反应。列管式固定床反应器的应用最为普遍，其外壳为钢制圆筒，考虑到受热膨胀，常设有膨胀圈，列管呈正三角形排列，管子数量视生产能力而定,可为数百根到上万根,管内装填固体催化剂,管间为载热体,视反应温度不同可以是水、热油或熔盐。为了减少管中催化剂床层径向温差,一般采用小管径,常用管径为 25 ~ 30mm 的无缝管。由于管径较小,一般反应器内管子数量都较多,因此,固定床容积相对较大。反应温度则通过插在反应管中的热电偶来测量。

为了测量固定床内不同截面和高度的温度,我们需要选择多根管子,将热电偶插入不同的高度,这样可反映床内多个不同部位的温度状况。反应器的气体进气口都设置有混合器和分布板,使反应气体充分混合。反应气体经分布板,均匀分布至反应器,在列管中,在催化剂作用下进行反应。反应气体从固定床下部出口进入换热器、冷凝器,未反应的气体循环使用。固定床反应器中的大多数反应都为放热反应,如果用加压去离子水作为载热体,则夹套副产水蒸气;如果用热油或熔盐作为载热体,则充分利用反应热量加温的热油或熔盐加热余热锅炉软水副产水蒸气,冷却后的热油或熔盐继续在反应器中循环使用。

5. 流化床反应器

流化床反应器的特点是反应器内的固体催化剂颗粒在生产中受气相物料流动的影响,处在悬浮状态,床层犹如沸腾一般,故又称沸腾床,生产中气—固两相呈强烈的湍动状态,使反应器内的温度和浓度趋向均匀。流化床反应器的外壳一般由上大下小两节钢制圆柱形筒体组成。按功能,流化床反应器本体可分为三段:下部一般为锥形或圆形釜底,有气体进料口,原料气可以分别进料,也可以混合后进料。气体进口上装有气体分布板,气相物料通过分布板均匀进入流化床的中部反应段。反应段是流化床的关键,床内放有一定粒度的催化剂,也可设置一定数量的导向挡板或挡网,用来改善气—固相的接触。反应段还设置有一定传热面积的列管或 U 形冷却管,通过换热保证床层温度。反应段设有若干测温热电偶,掌握床内各点实时温度。反应器的上部是扩大段,在扩大段由于床径扩大,气体流速减慢,有利于使气体夹带的催化剂沉降。为了进一步回收催化剂,在扩大段设置 2 ~ 3 级旋风分离器一组或数组,回收的催化剂通过分离器的下降管回到反应段。反应后的气体经冷凝收集成品,未反应的气体循环使用。

除了上述几种应用较普遍的反应设备外,流动床反应器、滴流床反应器、淤浆式反应器、蓄热床反应器在炼油和石油化工中也被广泛使用。且随着生物化工在化学工业中起着越来越重要的作用,作为生物工程主要反应器的发酵罐已成为

系列化的定型设备。

二、化学反应器火灾爆炸类型分析

化学反应过程尤其是比较危险的化学反应过程，各种化学反应存在的危险因素，其中尤以火灾爆炸造成的损失最大。化学反应器是在火灾爆炸事故中首当其冲破坏最直接最严重的装置，归纳起来一般有以下几种情况：

（一）泄漏类火灾爆炸

泄漏类火灾爆炸是指反应容器由于某种原因造成开放而使可燃物质泄漏到外部，遇点火源后引发火灾爆炸。反应容器泄漏往往由以下几种因素造成：

（1）容器质量因素，如材质使用不当、质量不符合要求，强度未达设计要求、存在加工焊接组装缺陷以及密封损坏。

（2）外来因素破坏，如外来物撞击、施工保护措施不当损坏、设备基础下沉或倾斜，使管口产生裂缝甚至断裂。

（3）容器工艺因素，如长期高流速介质冲刷磨损，应力反复作用造成材质疲劳、内压超高、腐蚀性物料侵蚀、冷脆断裂等。

（4）操作失误因素，如误操作阀门致物料外泄，带压反应结束后未泄压置换，开启孔盖，设备维护保养不及时致带病运转等。

（5）反应器放空或紧急泄放系统不合理，泄放口位置、高度未按要求设置，物料泄放时散流。

（二）反应失控类火灾爆炸

反应失控类火灾爆炸是由于反应放热速度超过散热速度导致体系内热量积累、温度升高、反应速度进一步加快，致使容器内压力过大或者造成反应物料发生分解、燃烧而引起的。反应失控一般发生在放热化学反应过程，反应生成热如不能及时移出反应器，则反应器内物料在高温下会产生大量的蒸气或者反应生成大量气体使系统压力急剧升高。如果没有紧急处理系统或者虽有自动泄压系统但失效，安全装置不能起到泄压作用，反应器出现超压则会引起反应器爆炸或冲料事故。导致反应失控引发事故往往由以下几种因素造成：

（1）反应热量未能及时移出系统。例如，冷却剂选用不当、换热设备列管堵塞、器壁结垢、传热效率下降、冷却剂供给不足等都可能使热量不能及时转移。

（2）搅拌系统故障。停电、变速箱故障或搅拌器本身故障都会影响物料充分均匀混合，导致物料在反应器内分布不均匀，造成散热不良或者局部位置反应过于剧烈而引起事故。

（3）操作失误是反应失控的重要原因之一，最危险的操作失误是超量投料。过多加入催化剂，原料配比错误，投料次序颠倒或时间不当，或将应该滴加的物料成批加入，加热或降温措施不当，均可引起异常反应而引发火灾爆炸。

（三）燃烧类火灾爆炸

燃烧类火灾爆炸是指反应容器内的可燃物质，在某种火源作用下发生的火灾爆炸事故。常见的反应容器燃烧类火灾爆炸事故有爆炸性混合气体爆炸、分解爆炸、爆炸性物质爆炸、自燃性物质引起的火灾爆炸等。

1. 爆炸性混合气体引起的火灾爆炸

某些气相化学反应其两种或两种以上气体混合物的原料配比处在可燃气体的爆炸极限范围内。有些反应是在接近爆炸极限的条件下进行的，如果操作中投料比控制不当，易形成爆炸浓度。此外，设备开停车时，置换不彻底也是形成爆炸性混合气体的重要原因。设备短时间内形成负压，容器内吸入空气，也可形成爆炸性混合气体，造成火灾爆炸隐患。

2. 有机过氧化物分解爆炸

某些有机化合物的氧化反应进行过程中会发生过氧化反应，形成不稳定的爆炸性有机过氧化物。例如，酸类、醇类、醛类、酮类在氧化时都有可能生成微量的过氧化物，这些物质如不及时转化或者清除，就有可能在系统中缓慢积累或者转移到后处理设备中进一步得到浓缩，一旦遇到点火源或者其他外来能量的激发就会发生火灾爆炸。

3. 某些易导致自燃的化学反应

（1）很多活泼的单质或者化合物与水或者空气反应时非常剧烈，同时能放出大量的热，引起自燃甚至爆炸。

（2）吸水反应自燃。遇水发生自燃物质的共同特点是反应后放出可燃气体和大量的热，可燃气体在局部高温环境中与空气中的氧结合而发生自燃。例如：碱土金属与水剧烈反应生成氢气，氢在局部高温中发生自燃。同样，金属氢化物、金属磷化物、金属碳化物以及某些金属粉末如锌粉、铝粉镁粉等都有自燃特性。

（3）生成易燃易爆物质的化学反应，如硝化反应过氧化反应、重氯化反应。这类反应过程本身具有强放热性，其目的产物往往是敏感性物质，如多硝基化合物、过氧化物、重氮盐等。这类化学反应从反应过程到物料后处理甚至储存都存在着火灾爆炸的安全隐患。

（4）自燃物质形成引起的燃烧爆炸。某些化学反应是在高温条件下进行的，有机物在高温条件下已发生炭化形成结焦，附着在设备或管道的内壁。设备打开，空气进入接触后会引起自燃，如设备管道内含有其他可燃气体则会引发爆炸。

三、防止反应器火灾爆炸事故的措施

（一）对化学反应的危险性进行全面分析

一种化学产品，在生产前，我们应该充分了解其原料、可能的中间体、副产物、制品的热力学和动力学性质，掌握主、副反应过程的反应过程，掌握危险化学反应的特点，任何能引起温度、压力、浓度变化等因素。

（二）维护、保护好反应设备，保持耐压强度

大多数化学反应都是在一定压力条件下进行的，反应器应该严格按照压力容器的设计、制造工艺制造，消除焊接等质量缺陷，使用过程要防止腐蚀影响器壁的厚度而导致耐压强度降低。因此，对于反应设备，我们必须定期进行检验、测厚、维修，进行耐压试验，严格禁止反应设备带病运转，确保反应容器的耐压强度。

（三）抑制物料混合气体的爆炸危险性

在爆炸极限范围之内或者接近爆炸极限范围内的气体配比，其两组分气体的混合器应该设置在紧靠反应器的部位，确保原料气混合后立即进入反应器内反应，减少可能发生爆炸危险的空间和时间，或者两种原料气分别进入反应器，减少形成爆炸性混合气体的空间。对于在接近爆炸极限条件下的气相反应，应该严格控制原料气和氧气的组分，增加在线分析仪和自动调节控制系统，保证混合气

体在爆炸极限范围之外。

对具有可燃气体或易燃液体蒸气的反应器，进料前必须用惰性气体进行置换，反应完毕后也同样应用惰性气体置换容器内残存的可燃气体或易燃液体蒸气后才能放入空气。

（四）及时清理反应器或管路内的结垢焦状物聚合体

化工反应比较复杂，尤其是高温下的反应，常使一些有机物料炭化，这些物料附着在器壁上，在较高温度下，一旦接触到空气就有可能自燃。因此，应定期清除焦状物。此外，结垢聚合体的存在影响传热的效果，因此也要定期清除。清理时应将温度降至常温，必要时用惰性气体置换，清理时不应使用铁质工具。

（五）控制和消除工艺中可能的点火源

静电或电气火花是发生火灾爆炸常见的点火源，设备、管道、阀门应采用可靠的防静电积累的措施，并进行整体接地。接地应定期测量，液体流量还应控制流速，防止静电产生。电气应采用符合防爆要求的设备。

（六）配置防事故安全系统

反应设备应设置防事故发生的自动联锁系统，如温度、压力、极限调节报警装置和超温超压自动联锁切断装置，一旦调节控制不能恢复正常，就能自动切断进料阀门，打开放空阀门或紧急出料阀门。为了保证反应器在压力上升时能自动泄压，必须在反应器上安装安全阀，对不宜安装安全阀或危险性较大的设备可安装爆破片。低压系统与高压系统间应安装单向阀，防止高压物料串入低压系统发生爆炸。反应容器应备有事故排放罐，接收紧急状况下反应器排放的物料。

（七）重视反应容器的安全泄放

反应容器的放空管一般安装在顶部，如容器在室内，放空管应引至室外并高出屋面2米以上，排放后可能燃烧的气体应经过冷却装置冷却后排放，放空管上应安装阻火器或有其他防止火焰的措施。事故储槽应设置在安全区域内，排放时可采用惰性气体或者蒸汽压排，既可加快排放，又可消除发生爆炸的可能性。

第三章 建筑装修材料及污染物的检测技术

第一节 建筑装饰装修材料基础知识

一、建筑装饰装修材料的概念与种类

（一）建筑装饰装修材料的概念

建筑装饰装修材料，一般是指建筑物主体结构工程完工后，进行室内外墙面、顶棚及地面的装饰、室内空间及室外环境美化处理所需的材料。它是实现建筑装饰装修目的的重要物质基础，既能起到装饰效果，又可以满足一定使用要求的功能性材料。

建筑装饰装修材料集材料性能、工艺、造型设计、色彩、美学于一体，它的品种门类繁多，更新周期快，新品层出不穷，发展潜力巨大。它发展速度的快慢、品种的多少、质量的优劣、款式的新旧、配套水平的高低，决定了建筑物装饰性的好坏，对于美化城乡建筑、改善人民生活环境和工作环境具有十分重要的意义。

（二）建筑装饰装修材料的种类

伴随着我国经济的高速发展，我国建筑装饰装修行业的发展速度越来越快，建筑装饰装修业已成为国民经济和社会发展的一个新兴产业。建筑装饰装修业的快速发展带动了建筑装饰装修材料的消费，也促进了其快速发展。目前，我国建

筑装饰装修材料已经形成了门类齐全、产品配套完善的工业体系，无论在性能、质量还是数量上，已能满足国内各层次的消费需求。目前，我国市场上主要的建筑装饰装修材料有以下几类。

1. 壁纸、墙布

壁纸是一种应用相当广泛的室内装修材料，主要分为纸质壁纸、PVC 塑料壁纸、织物壁纸。

与墙纸不同，墙布的本体为织物，用棉布为底布，并在底布上施以印花或轧纹浮雕，也有以大提花织成，可以纹出许多精美的绣花图案。根据材料，墙布主要分为玻璃纤维印花贴墙布、无纺贴墙布、化纤装饰贴墙布、丝绸壁布等。

2. 地板、地砖、地毯

目前，能够用于地面装饰的材料非常多，但总的来讲，主流材料主要包括地板、地砖和地毯三大类。

地板主要包括塑料半硬质地板、PVC 塑料卷材地板、防滑塑地板、抗静电活动地板、防腐蚀塑料地板、拼花木地板、实木地板、强化木地板、复合木地板、橡胶地板、竹质拼花地板等。

地砖按照其制作工艺，可分为釉面砖、通体砖、抛光砖、玻化砖、马赛克等。

地毯也是室内地面家装建材的常用材料之一，同地板和地砖相比，它可以吸收及隔绝声波，具有良好的吸音和隔音效果，能保持自身居室内的舒适宁静之余，也防止声音太吵而打扰到楼下住户。地毯主要分为化纤地毯、剑麻地毯、橡胶绒地毯、塑料地毯几大类。

3. 塑料管道

塑料管道是主要推广应用的化学建材产品，按其制作材料，可分为硬聚氯乙烯塑料管、聚乙烯管、聚丙烯管、PVC 双壁波纹管、芯层发泡 PVC 管、ABS 管、发泡 ABC 管、聚丁烯管、铝芯层高密度聚乙烯管、加砂玻璃钢管等。

4. 门窗

门窗可分为塑料门窗、涂锌彩板门窗、铝合金门窗、玻璃钢门窗、PVC 浮雕装饰内门、折叠式塑料异型组合屏风、塑料百页窗帘、铝合金百页窗帘、防火门、金属转门、自动门、不锈钢门等。

5. 建筑涂料

在我国，一般将用于建筑物内墙、外墙、顶棚、地面的涂料称为建筑涂料。实际上建筑涂料的范围很广，除上述内容外，还包括功能性涂料及防水涂料等。建筑涂料包括聚醋酸乙烯乳胶涂料、乙丙乳液内墙涂料、苯丙乳液内墙涂料、云彩涂料、硅酸钠无机内墙涂料、乙丙外墙乳液涂料、苯丙外墙乳胶涂料、硅酸钾无机外墙涂料、硅溶胶无机内墙涂料、溶剂型丙烯酸树脂涂料、丙烯酸系复层涂料、有机–无机复合外墙涂料、环氧树脂地面涂料、聚醋酸乙烯酯地面涂料、聚氨酯地面涂料等。

6. 装饰板材

装饰板材是所有板材的总称，主要有：细木工板、胶合板、装饰面板、密度板、集成材、刨花板、防火板、石膏板、铝扣板等。

7. 浴缸制品

按照材料，浴缸主要分为铸铁搪瓷浴缸、钢板搪瓷浴缸、人造大理石浴缸、人造玛瑙浴缸、玻璃钢浴缸、GRC 浴缸、亚克力浴缸等。

8. 胶粘剂

胶粘剂主要包括：壁纸和墙布胶粘剂、塑料地板胶粘剂、塑料管道胶粘剂、竹木专用胶粘剂、瓷砖大理石胶粘剂、玻璃和有机玻璃胶粘剂、塑料薄膜胶粘剂、防水片材胶粘剂等。

9. 玻璃装饰材料

玻璃装饰材料主要包括：夹丝玻璃、压花玻璃、饰面玻璃、玻璃砖、镭射玻璃、彩印玻璃、雕刻玻璃等。

10. 陶瓷装饰材料

陶瓷装饰材料主要包括：釉面砖、墙地砖、大型陶瓷饰面砖、陶瓷锦砖、陶瓷壁画等。

11. 装饰石材

装饰石材，是指在建筑物上作为饰面材料的石材，包括天然石材和人造石材两大类。天然石材指天然大理石和花岗岩，人造石材则包括水磨石、人造大理石、人造花岗岩和其他人造石材。

12. 吊顶装饰材料

吊顶是房屋居住环境的顶部装修，它有隔热、隔音、保温的作用，在房屋中占有重要的区域。吊顶装饰材料不仅能美化室内空间，也能营造出温馨大方的氛围。吊顶装饰材料主要包括：石膏装饰吸音板、塑料装饰吊顶板、玻璃装饰吊顶板、珍珠岩吸音装饰板、矿棉吸音装饰板、玻璃棉装饰吸音板、铝合金装饰吊顶板、彩色钢板装饰吊顶板等。

二、建筑装饰材料中有害物质的危害

装修污染物的释放长达 3 ~ 15 年，其危害主要有：引起人体免疫功能异常、肝损伤及神经中枢受影响；对眼、鼻、喉、上呼吸道和皮肤造成伤害；引起慢性健康伤害，减少人的寿命；严重的可引起致癌、胎儿畸形、妇女不孕症等；对小孩的正常生长发育影响很大，可导致白血病、记忆力下降、生长迟缓等；对女性容颜肌肤的侵害。甲醛对皮肤黏膜有很强的刺激作用，在接触之后，皮肤会出现皱纹、汗液分泌减少等现象，而汗液分泌减少会影响毛孔内脏物和人体新陈代谢。所以，装修材料对室内环境的污染危害越来越引起人们的重视。

近来研究表明，室内空气质量不仅受到室外大气污染物渗透扩散的影响，也受室内污染源的影响。在室内常见的有害物质有数千种，种类复杂，其中对人体健康危害最大的是挥发性有机物（VOC）、甲醛、苯系物、重金属元素、甲苯二异氰酸酯、氨和放射性核素等。

（一）挥发性有机物

非工业环境中最常见的空气污染物之一。在室内装饰过程中，挥发性有机物（Volatile Organic Compound, VOC）主要来自油漆、涂料和胶粘剂。据最新报道，在建筑和装饰材料中已鉴定出 307 种 VOC，其中常见的 VOC 单体有苯乙烯、丙二醇、TXIB、甘烷、酚、甲苯、乙苯、二甲苯、甲醛等。VOC 毒性可概括为非特异毒性和特异毒性。非特异性毒性主要表现为建筑物综合征：头痛、注意力不集中、厌倦、疲乏等。特异性毒性涉及某些 VOC 和某些 VOC 单体，可导致过敏和癌症。有些特异性毒性效应由 VOC 的代谢产物引起，如甲醇产生毒性症状可表现在感官方面（视觉或听觉受损）、认识方面（长期和短期的记忆消失、混淆、迷向等）、情感方面（神经质、应激性、压抑症、冷淡症等）和运动功能方面（握力变弱、震颤等）。

（二）甲醛

甲醛主要来自室内装饰材料，如用作室内装饰的胶合板、细木工板、中密度纤维板和刨花板等，在加工生产中使用脲醛树脂和酚醛树脂等为黏合剂，其主要原料为甲醛、尿素、苯酚和其他辅料。板材中残留的未完全反应的甲醛逐渐向周围环境释放，成为室内空气中甲醛的主体，从而造成室内空气污染。而生产家具的一些厂家为了追求利润，使用不合格的人造板材，在粘接贴面材料时使用劣质胶水，制造工艺不规范，挥发性有机物含量极高。另外，含有甲醛成分的其他各类装饰材料，如壁纸、化纤地毯、泡沫塑料、油漆和涂料等，也可能向外界释放甲醛。有关研究表明，人造板材中甲醛的释放期为 3 ~ 15 年。甲醛是一种无色易溶的刺激性气体，经呼吸道吸收，长期接触低剂量甲醛可引起慢性呼吸道疾病，甚至引起鼻咽癌；高浓度的甲醛对神经系统、免疫系统、肝脏等都有害。此外，甲醛还有致畸、致癌作用，长期接触甲醛的人，可引起鼻腔、口腔、鼻咽、咽喉、皮肤和消化道的癌症。

（三）苯系物

在各种建筑材料的有机溶剂中大量存在，如各种油漆和涂料的添加剂、稀释剂和一些防水材料等；劣质家具也会释放出苯系物等挥发性有机物；壁纸、地板革、胶合板等也是室内空气中芳香烃化合物污染的重要来源之一。这些建筑装饰材料在室内会不断释放苯系物等有害气体，特别是一些水包油类的涂料，释放时间可达 1 年以上。苯为无色具有特殊芳香味的液体，是室内挥发性有机物之一。在通风不良的环境中，短时间内吸入高浓度苯蒸气可引起以中枢神经系统抑制为主的急性苯中毒。轻度中毒会造成嗜睡、头痛、头晕、恶心、呕吐、胸部紧束感等；重度中毒可出现视物模糊、震颤、呼吸短促、心律不齐、抽搐和昏迷等，严重的可出现呼吸和循环衰竭，心室颤动。苯已被有关专家确认为严重致癌物质。

（四）重金属元素

重金属元素主要来源于传统的无机颜料和有机材料合成所用的无机助剂。重金属污染材料主要来源于涂料、油漆、胶粘剂、壁纸、聚氯乙烯卷材地板等装饰材料。铅、镉、铬和汞是常见的有毒物质，这些可溶物质对人体有明显的危害。

尤其是铅能损害人体神经、造血和生殖系统，对儿童青少年危害很大，影响儿童生长发育和智力发展，因此，铅等重金属污染的控制已经成为世界性的关注热点和发展趋势。长期吸入镉尘可损害肾或肺功能。长期接触铬化合物易引起皮炎湿疹。慢性汞中毒主要引起中枢神经系统等疾病。

（五）甲苯二异氰酸酯

甲苯二异氰酸酯（Toluene Disocyanate, TDI）是白色或淡黄色液体，具有强烈的刺激性气味。TDI 在人体中具有积聚性和潜伏性，对皮肤、眼睛和呼吸道有强烈刺激作用，吸入高浓度的甲苯二异氰酸酯蒸气会引起支气管炎、支气管肺炎和肺水肿；液体与皮肤接触可引起皮炎。液体与眼睛接触可引起严重刺激作用，如果不加以治疗，可能导致永久性损伤。长期接触甲苯二异氰酸酯可引起慢性支气管炎。对甲苯二异氰酸酯过敏者，可能引起气喘、伴气喘、呼吸困难和咳嗽。游离 TDI 对人体的危害主要是致过敏和刺激作用，经呼吸道吸入，不经正常皮肤吸入。接触 TDI 蒸气后对眼有刺激性，疼痛流泪，结膜充血；呼吸道吸入后有咳嗽胸闷、气急、哮喘症状；皮肤接触后可发生红色丘疹、斑丘疹、接触性过敏性皮炎；个别重病者可引起肺水肿及哮喘，引起自发性气胸，纵隔气肿，皮下气肿。

（六）氨

氨主要来自建筑物本身，即建筑施工中使用的混凝土外加剂和以氨水为主要原料的混凝土防冻剂。含有氨的外加剂，在墙体中随着湿度、温度等环境因素的变化还原成氨气，从墙体中缓慢释放，使室内空气中氨的浓度大量增加。氨是一种无色而具有强烈刺激性臭味的气体，它对所接触的组织有腐蚀和刺激作用。它可以吸收组织中的水分，使组织蛋白变性，并使组织脂肪皂化，破坏细胞膜结构，减弱人体对疾病的抵抗力。氨浓度过高时，除腐蚀作用外，还可通过三叉神经末梢的反射作用而引起心脏停搏和呼吸停止。

（七）放射性核素

氡和镭主要来自建筑施工材料中的某些混凝土和某些天然石材。氡和镭是放射性元素，这些混凝土和天然石材中含有的氡和镭会在衰变中产生放射性物质。

这些放射性物质对人体的危害，主要通过体内辐射和体外辐射的形式，对人体神经、生殖、心血管、免疫系统及眼睛等产生危害。

第二节　装饰装修材料中有害物质及其检测技术

一、木器涂料中有害物质检测

（一）木器涂料

木器涂料是指木制品上所用的涂料，包括家具、门窗、护墙板、地板、儿童玩具等，可简单分为家具木器漆和家装木器漆。若按涂料类型划分，则分为溶剂型涂料、水性涂料和无溶剂涂料；按成膜物质分为天然树脂类和合成树脂类涂料。我国木器涂料的发展趋势是向安全环保、高固体、低污染方向发展。品种上UV 固化涂料、水性木器涂料将呈现较快的上升趋势，气干型的不饱和聚酯有所上升，符合环保的聚氨酯涂料稳中略有增长，硝基涂料会有所下降，但高固低黏无苯类溶剂的环保硝基涂料会继续存在，适合于自动化涂装生产线的涂料亦会有所增加。

（二）木器涂料的种类及性能

木器涂料分为溶剂型木器涂料和水性木器涂料两大类。

1.溶剂型木器涂料

溶剂型木器涂料是由石油溶剂、甲苯、二甲苯、醋酸丁酯、环己酮等作为溶剂，以合成树脂为基料，配合助剂、颜料等经分散、研磨而成，是建筑装饰装修中常用的一类材料。溶剂型木器涂料种类繁多，主要品种有醇酸类、酚醛类、硝基类、聚氨酯（PU 聚酯）类以及在此基础上改性的各类涂料。目前家庭装饰装修中最常用的是聚氨酯树脂漆。

2. 水性木器涂料

水性木器涂料是以水为分散介质的一类涂料，具有不燃、无毒、不污染环境、节省能源和资源等优点。水性木器涂料可分为水性醇酸树脂、水性硝基纤维素、水性环氧树脂、水性丙烯酸树脂和水性聚氨酯涂料以及丙烯酸 – 聚氨酯水性树脂涂料。

目前，涂料工业环保压力日趋加大，国家颁布了多项政策法规限制，对木器涂料同样造成不小的影响。不过，即便环保要求提高下，溶剂性合成树脂制成的木器涂料仍然占据主要地位。

据上述报告数据显示，溶剂型木器涂料在市场中是绝对主流，占比高达95%以上。这主要是因为溶剂型木器涂料施工性能优异、物理化学性能突出、综合性价比高，但缺点同样不容忽视，如含有 VOC、污染环境、易燃易爆、损害漆工健康等。

相对而言，水性木器涂料经过多年发展，因消费习惯、涂装环境、乳液价格等因素，市场接受程度始终不高。随着环保法规完善、环保意识觉醒，水性木器涂料需求有望得以快速增长。

从发展趋势来看，水性木器涂料是木器涂料领域的主要发展方向，未来有望凭着清洁、环保等特性取代溶剂型木器涂料。此外，在产品性能没有太大改观之前，需要运用新技术、新工艺，来刺激需求增长，才能让木器涂料重回上升通道。

（三）木器涂料中主要的有害物质

《木器涂料中有害物质限量》GB18581–2020 规定了木器涂料中对人体和环境有害物质容许限量的术语和定义、产品分类、要求、测试方法、检验规则、包装标志、标准的实施等内容。适用于除拉色漆、架桥漆、木材着色剂、开放效果漆等特殊功能性涂料以外的现场涂装和工厂化涂装用各类木器涂料，包括腻子、底漆和面漆。该标准于 2020 年 12 月 1 日正式实施。

通过对比分析，新版标准的标准名称删除了原 2009 版"室内装饰装修材料"，删除了"溶剂型"；根据名称和范围的变化，修订的新版标准在保留原版的溶剂型类别基础上，增加了不饱和聚酯类产品，合并了水性类，同时新增了辐射固化类和粉末类木器涂料产品。

该标准由 16 个检测项目构成，与旧版相比新增了 4 项，8 项检测方法发生变化，VOC、苯、甲苯与二甲苯（含乙苯）、苯系物、游离二异氰酸酯等 5 项技术指标相比旧版更严。

VOC 限量值有变：新标准中各产品的 VOC 限量值在原 GB18581 和 GB24410 的基础上略有降低，同时增加了辐射固化型木器涂料的 VOC 限量值。

苯、甲苯与二甲苯（含乙苯）限量值有变：因水性涂料中苯很难添加，所以除了水性木器涂料对苯不进行限量外，其他几个品种的木器涂料均对苯、甲苯、乙苯和二甲苯进行了限量，其中苯含量不高于 0.1%。

苯系物的总和含量指标有变：水性涂料（含腻子）、水性辐射固化涂料（含腻子）中苯系物的总和含量不高于 250mg/kg，对溶剂型涂料和非水性辐射固化涂料不作限量要求。

游离二异氰酸酯（限 TDI 和 HDI）的总和含量指标有变：聚氨酯溶剂型木器涂料中，潮（湿）气固化型不高于 0.4%，其他不高于 0.2%。

二、内墙涂料中有害物质限量及检测

（一）内墙涂料中的主要有害物质

根据国内外学者对室内环境污染的大量研究和论证，结合内墙涂料的具体情况，内墙涂料中能够造成室内空气质量下降并有可能影响人体健康的主要有害物质为挥发性有机化合物，游离甲醛，重金属（可溶性铅、可溶性镉、可溶性铬、可溶性汞）以及苯、甲苯和二甲苯系列。所以新修订的标准对以上各项目均做了规定。

在内墙涂料中，挥发性有机化合物及苯、甲苯、乙苯、二甲苯总和主要来自少量的成膜助剂、湿润剂、分散剂、乳化剂、稳定剂、表面活性剂、消泡剂和乳液聚合的残余单体等。

甲醛是一种无色易溶于水的刺激性气体。35% ~ 40% 的甲醛水溶液一般称为福尔马林。甲醛是原浆毒物，能与蛋白质结合。内墙涂料中的甲醛含量很低，不过有的以甲醛作为防腐剂，成膜助剂采用高挥发性的有机物，有的在乳液中掺加 107 胶，低档的乳液中游离甲醛含量是比较高的，具有强烈的刺激性。

内墙涂料中的重金属离子（可溶性铅、可溶性镉、可溶性铬、可溶性汞）通常是着色剂带入的。内墙涂料以白色最为流行，由颜料带入的重金属是微量的。有色内墙涂料，由于颜色的不同，重金属离子的种类和含量可能有所不同。

（二）内墙涂料中有害物质限量的技术要求

国内外对内墙涂料中有害物质限量的种类、含量及检测方法各有不同。我国《室内装饰装修材料内墙涂料中有害物质限量》所规定的技术指标与国外有关标准基本一致，可溶性重金属铅、镉、铬和汞的技术指标与英国、德国、法国及欧洲经济委员会对玩具材料的要求完全相同。但对挥发性有机化合物的限量标准则有较大的差别。这一方面因为不同国家或不同的标准对 VOC 限量的要求不同，另一方面也由于对 VOC 的定义不同而引起差异，主要体现在 VOC 的计算公式上。

（三）内墙涂料中有害物质检测要求及规则

1. 检测样品的取样

样品确有代表性，检测结果才有意义。产品按《涂料产品的取样》的规定取样，一份密封保存，另一份为检测样品。

2. 检测规则

对产品必须作形式检验，检验项目包括挥发性有机化合物（VOC）、苯、甲苯、乙苯、二甲苯总和、游高甲醛、重金属（可溶性铅、可溶性镉、可溶性铬、可溶性汞）全部技术要求。在正常情况下，形式检验每年至少进行一次。但当新产品最初定型时，产品在异地生产时，生产配方、工艺及原材料有较大改变时或停产 3 个月又恢复生产时应随时进行形式检验。

3. 检测结果的判定

对于检验中的合格判定问题，若所有项目的检验结果全部达到标准技术要求时，该产品符合标准要求，判定合格；若有一项检验结果不达标，应对保存样品进行复验，若复检结果仍不达标，该产品不符合标准要求，判定不合格。

三、胶粘剂中有害物质检测

（一）胶粘剂的定义

胶粘剂又称为黏合剂，是通过界面黏附、内聚、咬合和摩擦等作用使两种或两种以上部件连接在一起共同受力（或发挥功能性作用）的材料，它可以是天然的，也可以是人工制备的，可以是无机的、有机的，也可以是无机－有机复合的。简而言之，胶粘剂就是通过黏合作用，能使被黏物体结合在一起的材料。

（二）胶粘剂的分类

按照材料属性，胶粘剂可以分为天然胶粘剂和人工胶粘剂。天然胶粘剂是将自然界物质直接作为胶粘剂，或经简单加工得到的胶粘剂，如可以从动植物胶中提取一些成分，经加工得到胶粘剂。人工胶粘剂主要指采用化工原料加工而成的胶粘剂，常见的有合成树脂基、水玻璃基、水泥基、石膏基胶粘剂等。

按照用途划分，建材行业中的胶粘剂主要有建筑胶粘剂和装饰胶粘剂两类。建筑胶粘剂常用于建筑物中的结构承重部位，其主要成分为聚氨酯、沥青或硅酮和水泥等。装饰胶粘剂常用于室内装修、门窗和地下室等部位，市场上主要是氯丁橡胶胶粘剂和水泥基胶粘剂。

按照使用性能，可以把建材行业中的胶粘剂划分为六种类型，具体为：无溶剂液体胶粘剂、热熔性胶粘剂、乳液型胶粘剂、水溶性胶粘剂、溶剂型胶粘剂和水泥基干混料型胶粘剂。其中，无溶剂液体胶粘剂最为常见，如环氧树脂胶粘剂等。常见的热熔性胶粘剂有聚丙烯酸酯胶粘剂和聚苯乙烯胶粘剂等。常见的乳液型胶粘剂有氯化橡胶胶粘剂和各种树脂型胶粘剂。常见的水溶性胶粘剂有乙烯醇胶粘剂等。常见的溶剂型胶粘剂有丁基橡胶胶粘剂等。水泥基干混料型胶粘剂使用时只要在现场按比例加水搅拌均匀即可，施工后随着水泥的水化逐渐凝结、硬化和产生强度。常见的水泥基干混料型胶粘剂有保温材料胶粘剂、瓷砖胶和加固材料胶粘剂等。

（三）胶粘剂在建筑行业中的应用

胶粘剂在建筑领域用途广泛，发挥着重要作用。下面列举部分应用实例。

1. 建筑保温材料胶粘剂

膨胀聚苯板胶粘剂是建筑外墙外保温装饰系统（EIFS）的重要组成部分。外墙保温装饰系统是集保温隔热、隔声、装饰性为一体的环保型轻质非承重型外维护建筑墙体系统。目前工程中常使用的 EIFS 有胶粉聚苯颗粒外墙外保温系统和膨胀聚苯板薄抹灰外墙外保温系统两种类型。

2. 瓷砖胶粘剂

传统的瓷砖（包括大理石、花岗岩等石材）粘贴，常以水泥（或水泥砂浆）加少许聚乙烯醇缩醛胶（107 胶和 801 胶等）作为胶粘剂。由于传统胶粘剂性能的局限性，瓷砖空鼓、错位甚至脱落的现象时常发生，粘贴层的渗水问题严重，安全隐患不可忽视。而近来利用可再分散乳胶粉、纤维素醚等研制的瓷砖粘贴用水泥基胶粘剂很好地解决了该问题。

3. 混凝土界面处理剂

混凝土界面处理剂也属于胶粘剂，它是一种增强混凝土与后续施工层（如找平层、抹面层、瓷砖粘贴层）之间黏结强度的特殊材料。混凝土界面处理剂主要用于处理混凝土、加气混凝土、粉煤灰砌块（砖）和烧结砖等的表面，增强黏结力，有效解决这些表面因光滑或因吸水太快而引起后续施工层不易黏结，施工后容易空鼓和开裂等的问题。这种界面处理剂的应用，完全可以取代传统的混凝土表面凿毛工序，省时省力，效果良好。

4. 胶粘剂在建筑加固工程的应用

（1）粘接加固

顾名思义，粘接加固就是采用胶粘剂粘接，将补强加固用的钢板或型材，或者是其他补强材料（如碳纤维、芳纶、氯纶）牢固粘接在钢筋混凝土构件（如梁、柱、节点、托架板面、隧道及拱形顶等）上形成完整的一体。目前已经采用粘接加固的工程均获得满意结果。以梁为例，被加固的梁可以是建筑物上的普通承重梁，也可以是起重吊车用梁，还可以是公路桥梁的梁及板梁、铁路桥的钢筋混凝土梁等。通过精心设计和施工，加固补强后的效果非常理想。

（2）植筋

利用胶粘剂可将螺栓、钢筋、塑料杆等锚固件根植于混凝土、岩石、砖和石材等基材中。这种根植工艺也称"植筋"。

（3）灌注与修补

胶粘剂可用于一般构件中裂纹的封堵（修补），防止裂缝继续扩大，使构件达到原来的设计要求。在建筑、水利和军事工程中，都有利用胶粘剂灌注和修补结构裂缝的应用实例。

（4）其他方面

除了以上三个方面外，胶粘剂在工程的应急抢险、防水堵漏、密封防潮以及

防腐蚀等方面都有较好的应用前景。

胶粘剂综合了化学、力学、材料、结构和光电等方面的先进技术成果，应用于建筑结构钢补强、锚栓植筋、现场灌注施工上，显示出其突出的优点与应用重要性。胶粘剂的广泛应用，不仅为建筑和相关行业带来了技术革新，也为国内胶粘剂行业创造了巨大的经济效益，社会效益明显。

（四）胶粘剂中常见的有害物质

用于室内装饰装修的胶粘剂主要有水溶性聚乙烯醇缩甲醛胶粘剂、陶瓷墙地砖胶粘剂、壁纸胶粘剂、天花板胶粘剂、木质地板胶粘剂、半硬质聚乙烯块状塑料地板胶粘剂等。按主体材料可以划分为以下几类：缩甲醛类胶粘剂、聚乙酸乙烯酯胶粘剂、橡胶类胶粘剂、聚氨酯类胶粘剂等。

这几类胶粘剂在施工和固化期间释放的有害物质有很多种，其中以下几种物质被列入《室内装饰装修材料胶粘剂中有害物质限量》标准中加以限定，有甲醛、苯、甲苯、二甲苯、甲苯二异氰酸酯、总挥发性有机物。

（五）检测要求及规则

1. 取样

同一批产品中随机抽取 3 份样品，每份不小于 0.5 kg。值得注意的是由于胶粘剂种类不同，其组成和状态各异，因此在取样时一定要先将样品搅拌均匀，以保证取样具有代表性。

2. 检测规则

标准所列的全部要求均为型式检验项目。在正常情况下，每年至少进行一次型式检验。当生产配方、工艺及原料有重大改变或停产 3 个月后又恢复生产时应进行型式检验。

3. 检测结果的判定

在抽取的三份样品中，取一份样品按标准的规定进行测定，如果所有项目的检验结果符合标准规定的要求，则判定为合格。如果有一项检验结果未达到标准要求时，应对保存样品进行复验；如果结果仍未达到标准要求时，则判定为不合格。

（六）检测常见问题

在测定胶粘剂中的甲醛时，须注意不要将蒸馏烧瓶中的样品蒸发至过干，因为温度过高会导致样品中某些物质分解，若分解产物中包含甲醛，则会使检测结果明显偏高。胶粘剂中的苯、甲苯和二甲苯采用外标法进行检测，实验表明，内标法同外标法能够得到一致的结果。内标法较外标法的优势是可以缩短进标准系列溶液的时间，抵消仪器不稳定因素给检测结果带来的误差。但在采用内标法进行测定时要注意内标物的选择，避免对待测物产生干扰。水基型胶粘剂由于很难与有机溶剂混溶，且水基胶中很少含有苯系物，但在日常检测中偶然碰到部分产品中仍然含有少量的苯系物，因此要对样品逐一认真检测。

溶剂型胶粘剂中除含有苯系物外，有时会发现含量较高的丙酮和卤代烃，进行检测时须注意。部分溶剂型胶粘剂中存在苯的干扰物质，因此遇到此类样品要更换不同极性的色谱柱进行验证。

在测定胶粘剂中的 TDI 时，一定要注意溶解样品所使用的溶剂必须除水，因为 TDI 会与水发生化学反应，在保存 TDI 标准样品时也要注意这一点。

四、壁纸中有害物质检测

壁纸是现代装修中一种重要的室内装饰材料。它具有色彩多样、花色丰富、艺术表现力强、施工简便等优点，因而在各种大型装饰装修工程中得到广泛应用，并逐渐进入家庭装修领域。然而在生产加工过程中由于原材料、工艺配方等原因，壁纸中不可避免地残留了重金属、甲醛、氯乙烯等有害物质。为保障人民的身体健康，控制壁纸产品中重金属、甲醛、氯乙烯等有害物质含量，提高壁纸的安全性能，国家质检批准发布了《室内装饰装修材料壁纸中有害物质限量》等10项室内装饰装修材料有害物质限量强制性国家标准。

（一）定义

最初壁纸是以纸为基材，以聚氯乙烯塑料、纤维等为面层，经压延或涂布以及印刷、轧花或发泡而制成的一种墙体装饰材料。随着科学技术的发展，又出现了以布、植物等为基材的墙体装饰材料，也称为壁纸。

（二）分类

1. 按面层材质分类

（1）纸面壁纸

最常用的素材，具有材质轻、薄、花色多的特性。

（2）胶面壁纸

壁纸表面为塑胶材质，质感浑厚，经久耐用。

（3）布面壁纸

也称壁布。壁布重材质表现，不但质感温润，图案也古朴素雅，主材料有向无纺布发展的趋势。但壁布价格较高，多用于点缀空间。

（4）木面壁纸

木皮割成薄片作为壁纸表材，因价格较高，使用得很少。

（5）金属壁纸

将金、银、铜、锡、铝等金属，经特殊处理后，制成薄片装饰于壁纸表面，由于其材质成本较高，只适用于少量的空间点缀。

（6）植物类壁纸

以加工处理过的细草或麻像草席一样编织，具有自然风情。

（7）硅藻土壁纸

硅藻土是由生长在海湖中的植物遗骸堆积数百万年变迁而成。由于硅藻土自身具有无数细孔，可吸附分解空气中的异味，使其具有调湿、透气、防霉除臭功能，可以广泛地应用在居室、书房、客厅、办公地点。

2. 按产品性能分类

（1）防霉抗菌壁纸

可有效地防霉、抗菌、阻隔潮气。

（2）防火阻燃壁纸

具有难燃、阻燃的特性。

（3）吸音壁纸

具有吸音能力，适合于歌厅、KTV 包厢的墙面装饰。

（4）抗静电壁纸

可有效防止静电。

（5）荧光壁纸

能产生一种特别效果——夜壁生辉。夜晚熄灯后可持续 45 min 发出荧光，深受小朋友的喜爱。

3. 按产品花色及装饰风格分类

壁纸又可分为图案型、花卉型、抽象型、组合型、儿童卡通型、特别效果型等，以及能起到画龙点睛作用的腰线壁纸。

（三）壁纸中的有害物质

壁纸在生产加工过程中由于原材料、工艺配方等原因而可能残留铅、钡、氯乙烯、甲醛等对人体有害的物质。此外，壁纸的印花染料、防腐剂、阻燃剂也是这些有害物质的来源之一。

五、人造板及其制品中有害物质检测技术

（一）人造板的分类

人造板被广泛地应用于家庭装修和公共装修工程中，由此类材料产生的室内空气污染比较突出。为了更好地理解标准，首先将板材的种类做一简单介绍。

1. 胶合板

胶合板是将原木沿年轮方向旋切成大张单板或木方刨切成薄木，经干燥、涂胶后按相邻单板层木纹方向相互垂直的原则组坯胶合而成的板材。制造出来的胶合板，通常用奇数层，单板一般为三层至十三层，常见的有三合板、五合板、九合板和十三合板（市场上俗称为三厘板、五厘板、九厘板、十三厘板）。

2. 细木工板

细木工板，俗称大芯板，是由两片单板中间胶压拼接木板而成。中间木板是由优质天然的木板方经热处理（即烘干室烘干）以后，加工成一定规格的木条，由拼板机拼接而成。拼接后的木板两面各覆盖两层优质单板，再经冷、热压机胶压后制成。

3. 中、高密度纤维板

密度纤维板是用木材加工的边角料和锯末等作为原料，一般以木质纤维或其他植物纤维为原料，经打碎、纤维分离、干燥后施加脲醛树脂或其他适用的胶粘

剂，再经热压后制成的一种人造板材。

力学性能指标有：静曲强度、内结合强度、弹性模量、板面和板边握螺钉力；物理性能指标有：密度、含水率、吸水率。按产品技术指标分为优等品、一等品和合格品 3 个等级。

4. 刨花板

刨花板又称碎料板，是利用施加胶料和辅料或未施加胶料和辅料的木材或非木材植物制成的刨花材料（如木材刨花、亚麻屑、甘蔗渣等）经干燥拌胶、热压而制成的薄板。

5. 定向刨花板

定向刨花板是刨花板的一种。定向结构刨花板是一种以小径材间伐材、木芯、板皮、树梢材等为原料通过专用设备加工成长 40 mm ～ 70mm；宽 5mm ～ 20mm；厚 0.3mm ～ 0.7mm 的刨片，经干燥施胶和专用的设备将表芯层刨片纵横交错定向铺装后，刨花铺装成型时，将拌胶刨花板按其纤维方向纵行排列，从而压制成的刨花板。

6. 装饰单板贴面人造板

利用天然木质装饰单板胶贴在胶合板、刨花板、中密度纤维板及硬质纤维板表面制成的板材。装饰板一般是用优质木材经刨切或旋切加工方法制成的薄木片。

7. 饰面人造板

饰面人造板包括浸渍胶膜纸饰面人造板、实木复合地板、竹地板和浸渍纸层压木质地板。《室内装饰装修材料人造板及其制品中甲醛释放限量》国家标准中，对于饰面人造板甲醛释放量采用两个方法：其一是 40L 的干燥器法，限量值是 ≤ 1.5 mg/L；其二是气候箱法，此方法作为仲裁法，限量值是 ≤ 0.12mg/m³。

（二）人造板及其制品中甲醛释放量标准和检测技术

在装修工程中，造成室内空气甲醛污染的主要来源之一是人造板。由于人造板结构的影响，含有缩甲醛的胶粘剂被层压在各板材之间，装修过程中一旦使用了甲醛释放量大的板材，这些缩甲醛就会解聚成甲醛，并在以后的很长时间内缓慢地向室内释放，所以装修时就应该选择甲醛释放量小的人造板。人造板及其制品甲醛释放量的测定依据的标准为《室内装饰装修材料人造板及其制品中甲醛释放限量》。针对不同的板材采用相应的检测方法：

1. 干燥器法

干燥器法测定甲醛释放量基于下面两个步骤：第一步，收集甲醛，在干燥器底部放置盛有蒸馏水的结晶皿，在其上方固定的金属架上放置试样，释放出的甲醛被蒸馏水吸收，作为试样溶液。第二步，测定甲醛浓度，在分光光度计 412nm 处测定试样溶液的吸光度，由预先绘制的标准曲线求得甲醛的浓度。

胶合板、装饰单板贴面胶合板、细木工板中甲醛采用 9L ~ 11L 干燥器法；饰面人造板（包括浸渍纸层压木质地板、实木复合地板、竹地板、浸渍胶膜纸饰面人造板等）中甲醛采用 40L 干燥器法。本方法的原理是：将从板材表面释放出的甲醛，用定量的吸收液吸收。定的时间，再测定吸收液中的甲醛浓度。

2. 穿孔萃取法

中密度纤维板、高密度纤维板、刨花板、定向刨花板等的甲醛释放量检测采用穿孔萃取法。由于密度板和刨花板在装修中一般不直接用于室内，而是经过饰面处理后使用，干燥器法测定板材表面释放的甲醛含量的方法显然不适用，所以采用穿孔萃取的方法测定板材中的甲醛含量。

3. 气候箱法

经过饰面处理的人造板产品，甲醛释放量的检测方法采用 $1m^3$ 气候箱法。欧洲标准限量规定小于 0.12 mg/m³，欧洲 E 级刨花板当穿孔萃取法测定值为 10 mg/100g 时，对应的气候箱值小于 0.12 mg/m³。由于气候箱实验至少需要 10 天时间。因此，该方法不适合生产企业的产品控制，所以增加了 40L 干燥器法，限量值不超过 1.5 mg/L，因气候箱法检测结果最接近实际使用状况下的甲醛释放情况，故此法标准规定为仲裁法。

（三）其他几种甲醛检测方法的介绍

现有甲醛检测方法有分光光度法（包括乙酰丙酮法、酚试剂法、AHMT 法、品红 – 亚硫酸法、变色酸法、间苯三酚法等）和电化学法（包括示波极谱测定法和电位法、气相色谱法、液相色谱法、甲醛传感器等），分析比较现有检测方法的优缺点，提出建立简便、快速、灵敏的甲醛在线检测方法将成为今后对甲醛检测方法的研究热点。

1. 电化学法

电化学分析法是基于化学反应中产生的电流（伏安法）、电量（库仑法）、电位（电位法）的变化，判断反应体系中分析物的浓度进行定量分析的方法，用于甲醛检测的有极谱法和电位法两种。

2. 色谱法

色谱具有强大的分离效能，不易受样品基质和试剂颜色的干扰，对复杂样品的检测灵敏、准确，可直接用于居室、纺织品、食品中对甲醛的分析检测。也可将样品中的甲醛进行衍生化处理后，再进行测定。

3. 传感器法

用于检测甲醛的传感器有电化学传感器、光学传感器和光生化传感器等。电化学传感器结构比较简单，成本比较低，其中高质量的产品性能稳定，测量范围和分辨率基本能达到室内环境检测的要求；但缺点是所受干扰物质多，且由于电解质与被测甲醛气体发生不可逆化学反应而被消耗，故其工作寿命一般比较短。光学传感器价格比较贵，且体积较大，不适用于在线实时分析，使其使用受到限制。因此建立一种简便、快速、灵敏的甲醛在线检测方法是适时而必要的。

4. 乙酰丙酮分光光度法

乙酰丙酮分光光度法指在过量铵盐存在下，甲醛与乙酰丙酮在 45℃～60℃水浴中 30 min，或 25℃室温下经 2.5 小时反应生成黄色化合物，然后比色测量甲醛含量。甲醛与乙酰丙酮反应的特异性较好，干扰因素少，酚类和其他醛类共存时均不干扰，显色剂较为稳定，检出限达到 0.25 mg/L，测定线性范围较宽，适合于高含量甲醛浓度的检测。

第三节　室内环境污染物检测技术

一、室内环境的基本知识

（一）室内环境的概念

室内是人们相互接触最频繁的环境。我们这里所说的"室内"主要是指居室内，从广义上说，也包括办公室、会议室、教室、医院、旅馆、商店、体育馆等各种室内公共场所，以及汽车、火车、飞机等交通工具内。澳大利亚国家健康和医药委员会在考虑室内环境对健康的影响时，把"室内环境"定义为"一天内度过 1 小时以上的非工业的室内空间"。

随着我国经济的快速发展和工业化、城市化水平的不断提高，越来越多的建筑物采用密闭设计和集中的空调、通风系统，使用大量室内装饰装修材料，使得空气质量及其污染问题引起了越来越多学者和专家的关注，成为新闻和媒体报道的热点。

（二）室内环境污染物的种类

室内空气中污染物种类较多，按性质可分为物理污染物、化学污染物、生物污染物和放射污染物；根据其存在状态可分为颗粒物和气态污染物；根据其来源可分为主要来源于室外、同时来源于室内和室外以及主要来源于室内的污染物。

根据典型室内空气调查结果有关资料归纳出室内主要的污染物有：苯、多环芳烃等挥发性有机化合物；甲醛；氨气；颗粒污染物（包括悬浮粒子和微生物等）；氡及其衰变子体；一氧化碳、二氧化碳；二氧化氮、二氧化硫和臭氧。

二、室内环境污染物检测技术

（一）室内环境污染物中甲醛的检测技术

1. 甲醛检测方法的比较

室内甲醛检测标准是根据不同的材质来进行辨别的，一般来说室内空气中的甲醛最高浓度是不能超过 0.08 毫克每立方米的，而装修使用的地板通常会分为 A 类和 B 类，A 类的复合地板中甲醛的浓度是每 100 克不能超过 0.9 毫克，而 B 类的产品需要控制在每 100 克 9 ~ 40 毫克之间，绝对不允许超标。人造板材中的甲醛更是不能超过 0.20 毫克每立方米的。甲醛的测定方法主要有分光光度法、色谱法、电化学法、化学滴定法等。我们这里仅简要对比其中的一些主要方法。

（1）比色法

空气中甲醛被吸收液吸收，在碱性溶液中与 4- 氨基发生反应，经高碘酸钾氧化形成紫红色化合物，其颜色的深浅与甲醛含量成正比，通过比色定量测定甲醛含量。

比色法在室温下显色，抗干扰能力强，如 SO^{2-}，NO^{2-} 共存时不干扰测定，灵敏度比较高，缺点是颜色随时间逐渐加深，要求标准溶液的显色反应时间和样品溶液的显色反应时间必须严格统一。该方法为《居住区大气中甲醛卫生检验标准方法分光光度法》中标准检验方法。酚试剂法在常温下显色，且灵敏度比其他比色方法都好，缺点是乙醛、丙醛的存在会对测定结果产生干扰，该方法为《公共场所空气中甲醛测定方法》中标准检验方法。乙酰丙酮比色法对共存的酚和乙醛等无干扰，操作简单，重现性好，缺点是灵敏度较低，需在沸水浴中加热显色。该方法为《空气质量甲醛的测定》中标准检验方法。变色酸比色法显色稳定，但需用浓硫酸，操作不便，且共存的酚干扰测定。乙酰丙烷比色法和变色酸比色法的灵敏度相同且较低，均需在沸水浴中加热显色，变色酸比色法加热时间较长。盐酸副玫瑰苯胺比色法简便灵敏，其他酚和醛不干扰测定，缺点是褪色快，灵敏度不高，易受温度影响，使用的汞试剂有毒。

（2）色谱法

色谱法主要有气相色谱法、高效液相色谱法、离子色谱法等。其中气相色谱法有直接法、2，4- 二硝基苯肼（DNPH）衍生法和巯基乙胺法等。应用最广泛的是 DNPH 法，该方法为《公共场所空气中甲醛测定方法》中标准检验方法。

高效液相色谱法与气相色谱法相似，具有高效、快速的优点，灵敏度高，样品用量少，而应用更广泛。

（3）现场快速检测法

目前的甲醛检测方法均需采样后在实验室测定，操作繁琐，费时费力，不能在现场进行连续快速测定，分析数据滞后。这往往给需要了解和掌握室内甲醛污染的实时数据和污染的时空变化规律的研究者带来困难。甲醛实现现场快速检测尤为重要。近几年出现的甲醛快速检测仪多基于比色法原理和电化学原理制作。

电化学传感器甲醛仪结构比较简单，成本比较低，其中高质量的产品性能稳定，测量范围和分辨率基本能达到室内环境检测的要求。但缺点是所受干扰物质多，且由于电解质与被测甲醛气体发生不可逆化学反应而被消耗，故其工作寿命一般比较短。光学传感器价格比较昂贵，且体积较大，不适用于在线实时分析。光生化传感器提高了选择性，但是由于酶的活性以及其他因素导致传感器不稳定，缺乏实用性。

（4）其他方法

此外还有电化学法和化学滴定法。电化学方法测定甲醛是近年发展起来的一种快速分析技术。电化学分析法是基于化学反应中产生的电流（伏安法）、电量（库仑法）、电位（电位法）的变化，判断反应体系中被分析物的浓度进行定量分析的方法。电化学法包括示波极谱法、吸附伏安法和哥腊衍生试剂法。示波极谱法测定空气中甲醛的灵敏度和准确度都很高，适合于测定室内空气中的微量甲醛。化学滴定法主要包括电位滴定法、碘量法及酸碱滴定法。

2.甲醛检测中常见问题

（1）酚试剂分光光度法检测中常见问题

显色时间对检测结果的影响：在不同显色时间内测定各标准色列管，15 min显色达到最完全，放置4小时稳定不变。因此在实际检测工作中可能由于待测样品数量较多等各种原因，未在规定的时间15 min进行比色分析实验，在显色1h内比色分析的吸光度稳定不变，以避免错过时间样品无检测结果的情况发生。

显色温度对检测结果的影响：室温低于15℃时，显色不完全，在5℃时，各组甲醛工作液的吸光度仅为25℃时的吸光度的55%～60%，在15℃时，各组甲醛工作液的吸光度可达到25℃时的吸光度的90%；在40℃水浴恒温的溶液中，加入显色剂后马上出现蓝色，反应快速；20℃～35℃时15 min显色达到最完全。

因此最好在25℃水浴中保温操作。

显色剂用量对检测结果的影响：显色反应时加入硫酸铁铵的量不宜过多，否则空白管吸光度值高影响比色。实验证明加入0.4mL（1%）硫酸铁铵溶液为好。沈彩萍等人用正交设计法对酚试剂法测定空气中甲醛含量的影响因素进行了研究。实验发现在显色温度、显色时间与显色剂用量这三个影响空气吸收液中甲醛浓度测试准确性的因素中，显色时间为最显著影响因素，显色温度有显著性影响。因此在平时的实验中应注意控制显色时间和显色温度，否则容易造成实验结果的误差。

（2）乙酰丙酮分光光度法检测中常见问题

采样流速对检测结果的影响：乙酰丙酮分光光度法中规定样品的采集以0.5～1.0 L/min，采气5～40 L。刘文君等在实际采样中发现，现场浓度不同，不同的采样流速对检测结果有影响。将现场甲醛浓度分为低浓度，中浓度和高浓度，分别以不同采样流速采样分析，结果表明：在低浓度甲醛测定时，以0.3 L/min或0.5 L/min流速采集样品较为适合，在中等浓度的情况下，甲醛的采集以0.3 L/min的流速为宜；在高浓度的甲醛样品采集时，以0.5 L/min或0.8 L/min的流速采集样品，采集效率较好。

采样时间对检测结果的影响：由于室内空气监测涉及每家每户，长时间采集样品会给居民带来诸多不便。实验表明，在室内检测时，10 min采样的分析结果与45 min采样得出的结果均无显著性差异，用10 min采样来代替45 min采样，可以大大缩短检测时间，减少对相关住户的日常生活的干扰。

显色时间对检测结果的影响：显色反应在沸水浴中加热3 min，其显色最为完全，取出冷却至室温可稳定12小时以上。随着在沸水浴中时间的延长，其测定结果偏低。如果在室温下，反应缓慢，显色随时间逐渐加深，2小时后才趋于稳定。

（二）室内环境污染物中苯系物的检测技术

1. 苯系物的检测方法

（1）气相色谱法

测定环境空气中苯系物的气相色谱法主要有GC-MS，GC-FID，HRGC-MS，HRGC-ECD，HRGC-FID，HRGC-ITD等，由于环境中苯系物的浓度相对较低，因此应用上述方法大多需要预先富集，不能直接进样检测。姜俊等人采用气袋采样，用大体积进样气相色谱法测定空气中的痕量苯，和吸附解吸法相比分析结果基本一致，采用该方法可以避免吸附解吸过程中的水蒸气及 CS2 本底干扰。光离子化检测器（PID）由于具有高度的灵敏性，用采样袋采集空气样品，能直接进样检测环境空气中许多碳氢化合物（如苯），可避免因富集解吸等操作过程带来的不确定性，其检出限为 1.62 μg/m³，与 GC–FID 热解吸法相比，分析结果具有很好的相关性。

（2）现场检测技术

为提高工作效率，简化操作过程，苯系物的现场检测技术发展迅速。刘廷良等人使用光离子化检测器便携式气相色谱仪，直接测定空气中苯系物（苯，甲苯，乙苯，邻、间、对位的二甲苯及异丙苯），方法的线性范围为 0～100 毫克/立方米，相关系数均在 0.999 以上，方法最低检测限达 0.2～1.0 毫克/立方米。美国华瑞 PGM-7240 手持式 VOC 气体检测仪，加上苯过滤管来测定室内空气中的苯，是一种简便快速的方法，省时省力，携带方便，但是一定要注意环境影响因素。

（3）比色法

目前，室内环境空气中苯系物的测定多采用气相色谱法，该方法检测灵敏度高，定量准确，但仪器相对庞大和昂贵。比色法快速、经济、简单。近年来，也有人研究利用比色法测定室内环境空气中苯系物。郑雪英采用甲醛—硫酸分光光度法对室内空气中苯系物进行测定，方法的最低检出限为 0.461 μg/5mL，当采样体积为 30L 时，最低检出浓度为 0.015 毫克/立方米，但该方法测得的结果是苯系物的总量。

2.苯系物检测中常见问题

采样时间对苯吸附性能的影响：股永泉等人在苯系物含量较低的场所采用活性炭管进行采样，增加采样时间，可以提高方法的灵敏度，使应用范围更广。朱小红等人采用 Tenax-TA 吸附管，改变采样时间采样。实验结果表明，在采样流速 0.5 L/min 时，采样时间增加，会导致苯的吸附穿透率增加，造成苯的回收率降低，采样时间在 10 min 左右为佳。当采样体积从 3 L 变化到 10 L，回收率从 101.69% 下降到 60.09%，同样的采样条件，当采样体积为 10 L 时，活性炭对苯的回收率大于 95%，而 Tenax-TA 对苯的回收率只有 60%。所以吸附管的吸附能力和吸附剂与被吸附组分的性质、采样流速、温度、湿度、浓度和共存物等

有关。

（三）室内环境污染物中总挥发性有机化合物的检测技术

1.TVOC 的检测方法概述

室内空气中的总挥发性有机化合物（Total Volatile Organic Compounds, TVOC）的分析测试技术有很多种，既有非标准化的快速现场检测法，又有比较成熟的标准检测方法。

（1）比色管检测法

比色管检测是一种简单实用的检测技术，由一个充满显色物质的玻璃管和一个抽气采样泵构成。在检测时，将玻璃管的两头折断，通过采样泵将室内空气抽入检测管，吸入的气体和显色物质反应，气体浓度与显色长度成比例关系，从而可以直观地得到气体的大致浓度。该方法的不足之处是数据的代表性差，目前的检测范围不足以覆盖全部的 TVOC 成分。

（2）便携式 TVOC 仪检测法

便携式 TVOC 检测仪可以快速地测定待测环境中 TVOC 的大致浓度，发现超标再采用色谱或色质联用等方法加以确认，从而达到多快好省的检测目的。该检测仪大都具有以下特点：检测范围宽，可以检测绝大多数的 VOCs；干扰少，只对有机化合物产生响应，大多数无机化合物不产生干扰；测量范围广，误差小，速度快；能 24h 连续监测，并能提供 TVOC 随时间变化的曲线。

光离子化检测器（Photoionization Detector, PID）结构简单、体积小、质量轻，可做成便携式装置用于现场分析。利用光离子化检测器（PID）的便携式 TVOC 检测仪，省时省力，携带方便。但是使用 PID 仪器测定空气中 TVOC 时，一定要注意环境的湿度对结果的影响。不能被 PID 检测到的气体有：甲醛、甲烷、放射性气体、酸性气体等。

（3）气相色谱分析方法

由于 VOC 在环境中含量极微，因此一般采用分辨率高、分析速度快、进样量少的气相色谱法进行分析。色质联用分析方法可以测定 TVOC 中各组分的种类和浓度，分析结果准确可靠。缺点是采样和分析过程复杂，数据代表性较差，分析时间较长，测量成本较高。除质谱法外，其他类型的检测器的应用也是比较多的，包括火焰离子化检测器 FID、电子捕获检测器 ECD、光离子化检测器 PID、基于与臭氧起光化学反应的检测器等。

2.TVOC 检测常见问题

加热时间和解吸时间对 TVOC 检测的影响:《民用建筑工程室内环境污染控制规范》和北京市建设委员会制定的《民用建筑工程室内环境污染控制规程》规定了室内空气中总挥发性有机化合物的测定方法,但均未对测定样品的条件进行详细描述。采集样品后的 Tenax-TA 采样管在热解吸仪的加热时间和解吸时间是影响 TVOC 含量准确检测的重要因素。最佳的加热时间和解吸时间要根据实际的仪器条件进行反复试验,确定较好的测试条件。于慧芳等人以 GC-112A 型气相色谱仪为例探讨了 TVOC 的最佳测试条件。苯,甲苯,乙苯,对、间二甲苯,苯乙烯,邻二甲苯采样管在热解吸仪上加热 15s, 30s, 60s 的检测结果,差异均有统计学意义(P<0.01)。15s 的回收率除苯乙烯为 121.0% 外,其余化合物的回收率均在 88.6% ~ 103.4% 之间,RSD 均小于 15%。30s 时,各化合物回收率均在 100.0% ~ 119.3% 之间,RSD 均小于 10%。但 60s 回收率的范围在 55.8% ~ 66.7% 之间,RSD 为 30.8% ~ 39.5%。因此,认为 60s 加热时间过长,易造成检测结果的误差,同时精密度也较差。但 15s 加热时间太短,操作时间不易控制,因此加热时间以 30s 为宜。对于大分子量的物质如苯乙烯和邻二甲苯解析 15s 和 30s 远远不够,它们的解析效率仅在 75% ~ 90% 之间,延长到 45s 以后基本可达到 85% 以上;而 90s 后的回收效率均可达到 90% 以上,且 RSD 均小于 10%。120s 时的相对标准偏差和回收率与 90s 时差异不大。

通风时间对检测结果的影响:《民用建筑工程室内环境污染控制规范》要求采样前现场应封闭 1h,但对封闭前的现场状况则没有明确规定。为了真实反映 1h 室内建筑及装修材料释放的污染物浓度,采样前需要开门窗通风换气。郭雅男等人对比封闭前对现场开门窗通风 15 min 和 60 min 后,在同一位置采样用气相色谱仪分析 TVOC 污染物的浓度。同样分析条件下,通风 15 min 的样品 TVOC 各成分的峰高与峰面积均远大于相对通风 60 min 的样品各成分的峰高与峰面积,而且在苯和甲苯峰之间有明显的低沸点杂峰。这说明在进行封闭采样前,通风时间短不能有效排除有机挥发物,延长通风时间能使室内外空气充分对流,有利于室内残留污染物质的扩散,减少有机挥发物的聚集。因此,在实际操作中应尽可能充分通风。

采样流量对 TVOC 中各组分吸附性能的影响:采样流量是影响 TVOC 中各组

分吸附性能的主要因素。张天龙等人改变不同的采样流量和时间（标样为甲醇中的 TVOC，各组分浓度在 1.0mg/mL 左右）采集标准样品。实验条件为，采用 Tenax-TA 吸附管，填装吸附剂 0.2g，用热解吸/毛细管气相色谱法，检测器为 FID，色谱柱为 SE-30，50m×0.53mm×3μm。实验结果表明，应用 Tenax-TA 吸附管在采样温度 20℃，0.5L/min 大流速下采样 20 min 时，乙苯以前的低沸点挥发性有机物和苯乙烯组分低于 90%。因此实际采样时，应根据现场条件改变采样流量和采样时间，来提高 TVOC 中各组分的回收率。

第四章 食品质量安全及检测技术要求

第一节 食品质量安全及检测技术标准

一、食品质量安全检验

食品质量检验与质量管理发展至今，已经是全面推进食品生产企业进步的管理科学的重要组成部分。它突出地体现在经常和全面地通过提高食品质量和全过程验证活动，与食品生产企业各项管理活动相协同，从而有力地保证了食品质量的稳步提高，不断满足社会日益发展和人们对物质生活水平提高的需求。

（一）食品质量的重要意义

食品质量安全市场准入标志的式样和使用办法由国家质检总局统一制定，该标志由"SC"和生产许可证号组成。加贴（印）有"SC"标志的食品，即意味着该食品符合了质量安全的基本要求。我国国民经济的发展是为了满足社会主义建设和广大人民群众不断增长的物质、文化生活的需要。在国民经济发展的整个过程中，都必须坚定不移地执行注重效益、提高食品质量、协调发展的方针。社会各方面的发展，包括物质的丰富，而食品品种的增加，都是与食品质量密不可分的，甚至都是以食品质量为前提或基础的，尤其是在物质大流通的现代社会，可以说没有质量提升就谈不上数量的扩张。

食品质量的优劣是食品生产企业从事技术研究、产品开发、质量管理、人员素质状况的综合反映；是食品科学技术和文化水平的综合反映；是进入市场的通行证；是消费者日常生活质量的重要保障。保证与提高食品质量是人类生活的一

项基本活动，是食品生产企业生存、发展的关键。

（二）食品质量安全检验中常用标准

标准是对重复性的事物和概念所做的统一规定。它以科学、技术和实践经验的综合成果为基础，以获得最佳秩序、促进最佳社会效益为目的，经有关方面协商一致，由主管机构批准，以特定形式发布，作为共同遵守的准则和依据。

标准的分类，是指按照一定的方法，将标准分成不同的类别。由于标准的用途和种类极其繁多，根据不同的目的和要求，从不同的角度对标准进行分类。

1. 按标准级别分

（1）世界范围通用标准

世界范围通用的标准是指国际标准化组织（International Organization for Standardization,ISO）和国际电工委员会（International Electrotechnical Commission, IEC）所制定的标准，以及国际标准化组织公布的国际组织和其他国际组织规定的某些标准。国际标准化组织设有技术委员会、分委员会和工作组等技术组织，其制定的标准包括除电气和电工专业以外其他所有专业方面的标准。

（2）国外先进标准

所谓国外先进标准，是指国际上有权威的区域性标准、世界主要经济发达国家的国家标准和通行的团体标准以及其他国际上先进的标准。

国际上有权威的区域性标准，是指如欧洲标准化委员会、欧洲电工标准化委员会、欧洲广播联盟等区域标准化组织制定的标准。

世界主要经济发达国家的国家标准，是指美国国家标准、德国国家标准、英国国家标准、日本工业标准、法国国家标准等。

国际上通行的团体标准，如美国试验与材料协会标准、美国军用标准、美国保险商实验室安全标准等。

2. 按标准化的性质分

按照标准化的性质，一般以物、事和人为对象，分为技术标准、管理标准和工作标准。技术标准、管理标准和工作标准，按其各自的性质、内容和用途的不同，又可分为不同的标准。

（1）技术标准

所谓技术标准，是指对标准化领域中需要协调统一的技术事项所制定的标准。技术标准主要包括以下几方面的内容：基础标准、产品标准、方法标准、安全标准、卫生标准与环境保护标准。

（2）管理标准

所谓管理标准，是指对企业标准化领域中需要协调统一的管理事项所制定的标准。管理事项主要指在营销、设计、采购、工艺、生产、检验、能源、安全、卫生、环保等管理中与实施技术标准有关的重复性事物和概念。

管理标准的种类主要有：管理基础标准、生产管理标准、设备管理标准、产品检验管理标准、测量和测试设备管理标准、不合格及纠正措施管理标准、科技档案管理标准、人员管理标准、安全管理标准、环保卫生管理标准、质量成本管理标准、能源管理标准以及搬运、贮存、标志、包装、安装、交付售后服务管理标准等。

3. 中国标准简介

根据《中华人民共和国标准化法》规定，中国标准分为国家标准、行业标准、地方标准和企业标准共四级。

（1）国家标准

对需要在全国范围内统一的技术要求，应当制定国家标准。是指对国家经济、技术有重大意义，需要在全国范围内统一技术要求而制定的标准（含标准样品的制作）。是国家最高一级的规范性技术文件，同时也是一种技术法规，国家标准由国家质量技术监督检验检疫总局编制计划，组织起草，统一审批、编号和发布。国家标准的编号采用代号、顺序号和年号的顺序排列。国家标准代号 GB 为国家的"国"字和标准的"标"字的汉语拼音第一个大写字母组合构成。

（2）行业标准

行业标准，是指对没有国家标准而又需要在全国某个行业范围内统一的技术要求，可以制定行业标准（含标准样品的制作）。制定行业标准的项目，由国务院有关行政主管部门确定。

行业标准由国务院有关行政主管部门编制计划、组织起草、统一审批、编号和发布，并报国务院标准化行政主管部门备案。行业标准的编号同国家标准。行业标准的代号，以国家曾经或现在设立的行业第一个汉字的汉语拼音首字母和标准的"标"字汉语拼音的第一个字母大写组成，如农业部为"NY"，国家粮食储备局为"LB"，卫生部为"WB"，原商业部为"SB"，原轻工部为"QB"。标准发布的顺序号加年代号组成。行业标准不得与国家标准相抵触，各有关行业之间的标准，应保持协调、统一，不得重复；当有关相应的国家标准实施后，该行业标准则自行废止。

（3）地方标准

地方标准，是指对没有国家标准和行业标准而又需要在省、自治区、直辖市范围内统一的技术要求，可以制定地方标准（含标准样品的制作）。

国家设置地方标准，是由于我国地域辽阔，沿海和内地、南方与北方的差异都很大，考虑到各个地方不同的自然条件和特点，例如各类资源、自然生态环境、气候、文化、科学技术、生产水平以及地方经济发展等具体情况而做出的规定。

地方标准由各省、自治区、直辖市人民政府标准化行政主管部门编制计划、组织草拟，统一审批、编号、发布。地方标准的代号，以地方的"地"字和标准"标"字的汉语拼音的第一个大写字母组合成"DB"，再加省、自治区、直辖市的两位数字代号构成。如湖南省地方标准为"DB43"。

（4）企业标准

企业标准是企业组织生产、经营活动的依据。企业标准化工作的基本任务，既要认真贯彻执行国家有关标准化法律、法规，贯彻实施国家标准、行业标准和地方标准，又要对企业范围内需要协调统一的技术要求、管理要求和工作要求，制定企业技术标准、管理标准和工作标准。

企业标准由企业自行制定、发布与实施，但要到相应的省、自治区、直辖市和市、自治州及县人民政府标准化行政主管部门备案，并统一编号方为有效。企业标准代号统一为"Q"，即企业的"企"字汉语拼音第一个大写字母。

二、食品质量安全现状

食品安全指食品无毒、无害，符合应当有的营养要求，对人体健康不造成任何急性、亚急性或者慢性危害。食品安全也是一门专门探讨在食品加工、存储、销售等过程中确保食品卫生及食用安全，降低疾病隐患，防范食物中毒的一个跨学科领域，所以食品安全很重要。"民以食为天"，食品是人类赖以生存的物质基础，在商品社会，食品作为一类特殊商品进入生产和流通领域。食品行业与人们的日常生活息息相关，是消费品工业中为国家提供累积最多、吸纳城乡劳动就业人员最多、与农业依存度最大、与其他行业相关度最强的一个工业门类，它的发展备受人们的瞩目。随着食品生产和人们生活水平的提高，人们对食品的消费方式逐渐向社会化转变，由原来主要以家庭烹饪式为主向以专业企业加工为主，因此，食品安全事件影响急剧扩大，对人类危害更加严重。食品安全问题日益成为遍及全球的公共卫生问题，食品安全不仅关系消费者身体健康、影响社会稳定，而且还会制约经济发展。

"病从口入"，饮食不卫生、不安全会成为百病之源。自然界中存在的生物、物理、化学等有害物质，以及人类社会发展过程中产生的各种有毒有害物质，它们可能混入食品，导致该食物的摄入者产生一系列病理变化，甚至危及生命安全。

在我国食品安全问题也相当突出。据卫生部门统计，80％的传染病为肠道传染病，有时也伴随着伤寒、痢疾、霍乱等疾病发生，这些大多与食品和饮用水污染等有关。每年由于农药、兽药等使用不当而导致的食物中毒事件也屡见不鲜。另外，近几年随着转基因食品大量涌入市场，人们也开始对转基因食品的安全问题产生怀疑。

以上一系列突发食品安全事件涉及的国家范围、危及健康的人群以及给相关食品国际贸易带来的危机对相关国家乃至全球经济的影响使食品安全问题受到了历史上空前的关注。当前食品安全面临的问题和挑战，主要表现在以下几个方面。

（一）食品的污染

食品从农田到餐桌的过程中可能受到各种有害物质的污染。首先是农业种植、养殖业的源头污染严重，除了在农产品生产中存在的超量使用农药、兽药外，日益严重的全球污染对农业生态环境产生了大量的影响，环境中的有毒有害物质导致农产品受到不同程度的污染，进而引起了人类食物链中毒；其次是食品生产、加工、储藏、运输过程中的严重污染，即存在由于加工条件、加工工艺落后造成的卫生问题。

（二）食源性污染

食源性污染引起的疾病，称为食源性疾病，是指通过食物而进入人体的有毒有害物质（包括生物性病原体）所造成的疾病，而致病菌是引起食源性疾病的首要因素，由其污染而引起的食源性疾病危害远超违法滥用添加剂、农药残留等食品化学性污染，是食品安全的重大隐患，也是食品安全的重要问题之一。

食源性致病菌是指以食物为载体而导致人类发生疾病的一大类细菌。包括大肠杆菌、沙门氏菌、金黄色葡萄球菌、单核细胞增生李斯特氏菌、志贺氏菌等。目前由食源性致病菌引起中毒的报告起数和中毒人数一直占很高比例。

1. 沙门氏菌

沙门氏菌是一种常见的食源性致病菌，属肠道细菌科，包括那些引起食物中毒，导致胃肠炎、伤寒和副伤寒的细菌。据统计，在世界各国的种类细菌性食物中毒中，沙门氏菌引起的食物中毒常列榜首。

由沙门氏菌引起的食品中毒症状主要有恶心、呕吐、腹痛、头痛、畏寒和腹泻等，还伴有乏力、肌肉酸痛、视觉模糊、中等程度发热、躁动不安和嗜睡，持续时间 2 ~ 3 天，通常在发热后 72 小时内会好转。婴儿、老年人、免疫功能低下的患者则可能因沙门氏菌进入血液而出现严重且危及生命的菌血症，少数还会合并脑膜炎或骨髓炎，平均致死率为 4.1%。沙门氏菌最适宜的繁殖温度为 37℃，在 20℃ 以上即能大量繁殖，因此，低温储存食品是一项重要预防措施。

2. 金黄色葡萄球菌

金黄色葡萄球菌（以下简称"金葡菌"），隶属于葡萄球菌属，是革兰氏阳性菌代表，为一种常见的食源性致病微生物。该菌最适宜生长温度为 37℃，pH 为 7.4，耐高盐，可在盐浓度接近 10% 的环境中生长。金葡菌常寄生于人和动物的皮肤、鼻腔、咽喉、肠胃、痈、化脓疮口中，空气、污水等环境中也无处不在。

金葡菌广泛存在于自然环境中。在适当的条件下，能够产生肠毒素，引起食物中毒。近几年，由其引发的食物中毒报道层出不穷，占食源性微生物食物中毒事件的 25% 左右，已成为仅次于沙门氏菌和副溶血性弧菌的第三大微生物致病菌。

3. 副溶血性弧菌

副溶血性弧菌为革兰氏阴性杆菌，呈弧状、杆状、丝状等多种形状，无芽孢，是一种嗜盐性细菌。主要来源于海产品，如墨鱼、海鱼、海虾、海蟹、海蜇，以及含盐分较高的腌制食品，如咸菜、腌肉等。其存活能力强，在抹布和砧板上能生存 1 个月以上，海水中可存活 47 天。此菌对酸敏感，在普通食醋中 5 分钟即可杀死，对热的抵抗力也较弱。

副溶血性弧菌食物中毒多发生在 6 ~ 10 月，海产品大量上市时。中毒原因主要是烹调时未烧熟煮透或熟制品被污染。一般表现为急发病，潜伏期 2 ~ 24 小时，一般为 10 小时发病。主要症状为腹痛，在脐部附近剧烈，多为阵发性绞痛，并有腹泻、恶心、呕吐、畏寒发热，大便似水样。便中混有黏液或脓血，部分病人有里急后重，重症患者因脱水，使皮肤干燥及血压下降造成休克。少数病人可出现意识不清、痉挛、面色苍白或发绀等现象，若抢救不及时，呈虚脱状态，可导致死亡。

4. 阪崎肠杆菌

阪崎肠杆菌又叫黄色阴沟肠杆菌，直到 1980 年才被认为是一个新的菌种，并以日本微生物学家——RiichiSakazakii 的名字命名。它是一种周生鞭毛，能运动，比较常见的寄生在人和动物肠道内的无芽孢棒状杆菌、革兰氏阴性菌，其在一定的条件下可以使人或动物致病，因而被称为条件致病菌。生长温度为 0 ~ 45℃，生长 pH 范围 5 ~ 10。

由于阪崎肠杆菌具有一定的耐热、耐干燥性，而且细胞外部有一层便于吸附于物体表面的特殊生物膜，使得该菌分布较为广泛，现已从奶粉（乳）制品、牛肉馅、香肠、干酪、蔬菜、谷物类、豆腐、莴苣、药草和调味料等分离出了该菌。

阪崎肠杆菌是一种食源性的条件致病菌，主要危害对象是免疫力低下的新生儿，由其引发的婴儿、早产儿脑膜炎、败血症及坏死性结肠炎散发和暴发的病例已在全球相继出现，死亡率高达 50％ 以上。奶粉中的阪崎肠杆菌和沙门氏菌等是导致婴幼儿感染、疾病和死亡的主要原因。

5. 单核细胞增生李斯特氏菌

单核细胞增生李斯特氏菌（以下简称单增李斯特菌）是由一位名叫"约瑟夫·李斯特"的外国医生发现的。主要特征之一是可在低温下生长，0 ~ 45℃ 都能生存，在零下 20℃ 的环境下仍能存活 1 年，在冰箱冷藏室 4 ~ 6℃ 的温度下仍可大量繁殖，所以就有"冰箱杀手"的称号。

它在自然界分布非常广泛，土壤、粪便、水体、蔬菜、青贮饲料以及多种食品中都存在。单增李斯特菌属于细胞内寄生致病菌，它自身不产生内毒素，而是产生一种具有溶血性质的外毒素——单增李斯特菌溶血素 O（LLO），是其重要毒力因子。最容易污染的食品为乳和乳制品、肉和肉制品、蔬菜、沙拉、海产品和冰淇淋等，尤其是冰箱中保存时间过长的乳制品、肉制品最为常见。

由于体液免疫对单增李斯特菌感染无保护作用，故细胞免疫力低下和使用免疫抑制剂的患者容易受到它的感染。感染后的临床症状表现为：轻者为腹泻、腹痛、发热；重者可导致败血症、脑膜炎和脑脊膜炎，孕妇可出现流产、死胎等后果，幸存的婴儿则易患脑膜炎导致智力缺陷或死亡。

（三）食品新技术和新资源的应用给食品安全所带来的问题

食品工程新技术与多数化工、生物以及其他的生产技术领域相结合，对食品安全的影响也有个认识过程。随着现代生物技术的发展，新型的食品不断涌现，一方面增加了食品种类，丰富了食物资源，但同时也存在着不安全、不确定的因素，转基因食品就是其中一例。有些转基因食品，例如含有抗生素基因的玉米，除了直接危害使用者的安全外，还有可能扩散到环境中甚至人畜体内，造成环境污染和健康危害。另外，一些关于微波、辐射等技术对食品安全性的影响一直存在争议，还有食品工程新技术所使用的配剂、介质、添加剂对食品安全的影响也不容忽视。总之，食品工程新技术可能带来很多食品安全问题。

（四）食品标志滥用的问题

食品标志是现代食品不可分割的重要组成部分。各种不同食品的特征及功能主要是通过标志来展示的。因此，食品标志对消费者选择食品的心理影响很大。一些不法的食品生产经营者时常利用食品标志的这一特性，欺骗消费者，使消费者受骗，甚至身心受到伤害。现代食品标志的滥用比较严重，主要有以下问题。

1. 伪造食品标志

食品标志是指粘贴、印刷、标记在食品或者其包装上，用以表示食品名称、质量等级、商品量、食用或者使用方法、生产者或者销售者等相关信息的文字、符号、数字、图案以及其他说明的总称。伪造食品标志主要是指伪造或者虚假标注生产日期和保质期，伪造食品产地，伪造或者冒用其他生产者的名称、地址，伪造、冒用、变造生产许可证标志及编号等一系列违法行为。

2. 夸大食品标志展示的信息

用虚夸的方法展示该食品本不具有的功能或成分。主要是利用食品标志夸大宣传产品，如没有经认证机构确认而标明其产品"纯天然""无污染"等，还有产地标注不明确，执行标准标注不准确等。

3. 食品标志的内容不符合《食品卫生法》的规定

不符合规定的食品标志主要体现在如下方面：明示或者暗示具有预防、治疗疾病作用的；非保健食品明示或者暗示具有保健作用的；以欺骗或者误导的方式描述或者介绍食品的；附加的产品说明无法证实其依据的；文字或者图案不尊重民族习俗，带有歧视性描述的；使用国旗、国徽或者人民币等进行标注的；其他法律、法规和标准禁止标注的内容。

4. 外文食品标志

进口食品甚至有些国产食品，利用外文标志，让国人无法辨认。随着社会的进步，消费者会越来越重视食品标志。

总之，随着社会生产力的发展和人类社会的不断进步，在一些传统的食品安全问题得到了较好控制的同时，食品安全又出现了一些新的问题，面临新的挑战。

三、食品安全检测技术标准与管理

如何衡量一种食品是否安全，不安全食品的危害在哪里，什么情况下它会对人体造成危害，应采取什么有效措施去控制它……诸如此类的问题必须依赖于检测技术和科技手段，因此，食品安全与检测技术是密不可分的。然而，目前食品安全检测的技术可谓五花八门，既有传统的化学分析方法，也有新兴的仪器分析方法；既有确定是否含有某种物质的定性检测方法，也有确定某种物质具体含量的定量检测方法；既有几小时甚至几分钟就可得出结果的快速检测方法，也有需要几天甚至更长时间的速度较慢的检测方法。对于同一个样品而言，采用不同的检测方法，可能得到不同的结果，而不同的检测方法，适用的样品和条件也各有不同。在检测方法如此繁多的情况下，如果没有统一的标准对其进行规定，势必会造成检测结果的混乱，从而使食品安全检测失去意义。因此，制定食品安全检测技术的标准，便于规范管理，具有重要意义。

目前，世界上一些发达国家已建立了较为完善的国家食品质量安全保障体系，主要内容包括法律法规体系、标准体系、检测检验体系、监督管理体系、认证体系、技术支撑体系和信息服务体系等，各体系之间互相协调，有机结合。其中标准体系和检测检验体系是作为技术性支持，而监督管理体系则是管理性支持，这三者相辅相成，缺一不可。美国、加拿大、欧盟等发达国家及地区的实践证明，他们的国民之所以能享受到安全、卫生的食品供应，食品企业间具有强大的竞争力，政府监管有力，其根源在于拥有先进的食品质量安全标准体系和检测体系以及完善的监督管理体系。

我国也在积极地建立国家食品质量安全控制体系，并不断进行探索和研究，因此，有效地运用国际通用规则来行使权利和义务，减轻因加入 WTO 对我国食品产业可能带来的负面影响，深入研究国外发达国家的食品安全质量监督管理体系，学习和借鉴先进做法和经验，对建立和完善我国的食品质量安全监督管理体系，提高我国食品在国际市场的竞争力，具有重大的现实意义。

（一）国内外主要食品安全检测技术标准要求

国外的食品安全检测技术标准主要包括国际标准和各国自身制定的标准，根据各国的国情不同，标准体系的结构和具体内容也各有不同。国际上制定有关食品安全检测方法标准的组织有国际食品法典委员会、国际标准化组织、美国分析化学家协会、国际兽疫局等。其中，由国际食品法典委员会和美国分析化学家学会制定的标准具有较高的权威性。

国际食品法典委员会有一些食品安全通用分析方法标准，包括污染物分析通用方法、农药残留分析的推荐方法、预包装食品取样方案、分析和取样推荐性方法、用化学物质降低食品源头污染的导向法、果汁和相关产品的分析和取样方法、涉及食品进出口管理检验的实验室能力评估、鱼和贝类的实验室感官评定、测定符合最高农药残留限量时的取样方法、分析方法中回复信息的应用、食品添加剂纳入量的抽样评估导则、食品中使用植物蛋白制品的通用导则、乳过氧化酶系保藏鲜奶的导则等。通则性食品安全分析方法标准是建立专用分析方法标准及指导使用分析方法标准的基础和依据。而且建立这样的综合标准对于标准体系的简化和标准的应用十分方便。

国际标准化组织发布的标准很多，其中与食品安全有关的仅占一小部分。国际标准化组织发布的与食品安全有关的综合标准多数是由 TC34/SC9 发布的，主要是病原食品微生物的检验方法标准，包括食品和饲料微生物检验通则、用于微生物检验的食品和饲料试验样品的制备规则、实验室制备培养基质量保证通则、食品和饲料中大肠杆菌、沙门氏菌、金黄色葡萄球菌、荚膜梭菌、酵母和霉菌、弯曲杆菌、耶尔森氏菌、李斯特氏菌、假单胞菌、硫降解细菌、嗜温乳酸菌、嗜冷微生物等病原菌的计数和培养技术规程，病原微生物的聚合酶链式反应的定性测定方法等。可以看出，随着食品微生物学研究的深入及分子生物技术的发展，国际标准化组织制定的食品病原微生物的检验方法标准不断更新。

（二）国内外重要食品安全检测技术管理机构

美国食品质量安全体系的特点是三个部门权力相互分离与制约，具有透明性、制定决议的科学性以及公众参与性。这个体系遵循以下原则：只有安全卫生的食品才可以在市场上销售；在食品质量安全方面的协调决策是建立在科学基础上的；政府有强制责任；希望厂商、销售商、进口商及其他的人都要遵守法规、标准，如果他们不遵守就要对此负责；协调过程对公众是透明的并且是可以接近的。科学和风险分析是制定美国食品质量安全政策的基础。在美国食品质量安全的法令、法规和政策制定过程中应用了预防方法。

在我国，最重要的食品安全检测技术管理机构是国家质检总局，质检总局下设国家标准化委员会和国家认证认可监督管理委员会两个副部级直属单位，分别负责对检测技术标准执行和检测技术的使用，即对检测机构进行监督管理。其中国家标准化委员会负责国家的标准化建设工作，包括国家标准的制定、颁布和修订等。而国家认证认可监督管理委员会则负责对检测机构的仪器设备、环境条件等进行评估，只有经过其授权的检验机构，才可以出具具有法律效力的检测报告。除了质检总局，卫生部、农业部、环保部等部委的有关部门以及省市地方政府，也有制定检测技术标准的权利，因此也属于食品安全检测技术的管理机构。

我国食品安全监管是多部门联合监管，我国食品安全的管理职能分散在国务院的多个部委和直属局，以及各级地方政府相应的多个部门中。监管主体包括卫生部（食品药品监督管理局）、农业部、质检总局、工商行政管理总局、生态环境部、商务部、海关总署等。国务院根据各部委职能特点，按照食品生产到销售的不同阶段由不同的部门负责，并通过《食品安全法》立法明确各部门职责管理范围，对国内生产的食品和进口食品的监管由不同的部门负责。食品安全综合协调管理及风险评估由卫生部负责；种植和养殖安全问题的源头控制由农业部负责；企业食品生产加工环节的检验监督管理工作由国家质检总局负责；餐饮服务的监督管理由卫生部所属的国家食品药品监督管理局负责；市场流通阶段质量安全问题由工商总局负责；进出口食品安全贸易由商务部负责。这种分段管理的分工体系中，体现了各部门要协同一致，避免如果某一过程监管不力，整个行业的管理就受到影响，最终导致产品的食品安全质量由于一个环节而使总体质量水平受到制约，从而使其他监管环节的工作无效化甚至做无用功。

第二节　食品质量安全市场准入制度

一、食品质量安全市场准入制度

（一）食品质量安全市场准入制度的概念

市场准入，是国家规定的以企业形式进入相关市场从事生产、销售或服务等经营活动制度的总称。市场准入制度，也叫市场准入管制，是指为了防止资源配置低效或过度竞争，确保规模经济效益、范围经济效益和提高经济效益，政府职能部门通过批准和注册，对企业的市场准入进行管理。市场准入制度是关于市场主体和交易对象进入市场的有关准则和法规，是政府对市场管理和经济发展的一种制度安排。它具体通过政府有关部门对市场主体的登记、发放许可证、执照等方式来体现。

对于食品的市场准入，一般的理解是，允许市场的主体（食品的生产者与销售者）和客体（产品）进入市场的程度。食品市场准入制度也称食品质量安全市场准入制度，是指为保证食品的质量安全，具备规定条件的生产者才允许进行生产经营活动，具备规定条件的食品才允许生产销售的监管制度。因此，实行食品质量安全市场准入制度是一种政府行为，是一项行政许可制度。

（二）食品质量安全市场准入制度的核心内容

当前，我国食品质量安全问题十分突出，监督抽查合格率低，假冒伪劣屡禁不止，重大食品质量安全事故时有发生，不仅消费者缺少安全感，很难在购买前辨认食品是否安全，而且行政执法部门监督检查的难度也在增加，很多情况下难以用简便的方法现场识别。为了从食品生产加工的源头上确保食品质量安全，国家质量检验检疫总局根据我国国情，制定了一套行之有效，与国际通行做法一致的食品质量安全监管制度即食品质量安全市场准入制度，其主要内容包括如下三个方面。

1. 实行生产许可证管理

对食品生产加工企业实行生产许可证管理。根据《加强食品质量安全监督管理工作实施意见》的有关规定，食品生产加工企业保证产品质量必备条件包括 10 个方面，即环境条件、生产设备条件、加工工艺及过程、原材料要求、产品标准要求、人员要求、储运要求、检验设备要求、质量管理要求、包装标识要求等。对符合条件且产品全部项目检验合格的企业，颁发食品质量安全生产许可证，允许其从事食品生产加工。已获得出入境检验检疫机构颁发的《出口食品厂卫生注册证》的企业，其生产加工的食品在国内销售的，以及获得 HACCP 认证的企业，在申办食品安全质量许可证时可以简化或免于工厂生产必备条件审查。

2. 食品出厂实行强制检验

对食品出厂实行强制检验。其具体要求有两个：一是那些取得食品质量安全生产许可证并经质量技术监督部门核准，具有产品出厂检验能力的企业，可以实施自行检验其出厂的食品，一是实行自行检验的企业，应当定期将样品送到指定的法定检验机构进行定期检验；二是已经取得食品质量安全生产许可证，但不具备产品出厂检验能力的企业，按照就近就便的原则，委托指定的法定检验机构进行食品出厂检验。承担食品检验工作的检验机构，必须具备法定资格和条件，经省级以上（含省级）质量技术监督部门审查核准，由国家质检总局统一公布承担食品检验工作的检验机构名录。

3. 食品质量安全市场准入标志管理

实施食品质量安全市场准入标志管理。获得食品质量安全生产许可证的企业，其生产加工的食品经出厂检验合格的，在出厂销售之前，必须在最小销售单元的食品包装上标注由国家统一制定的食品质量安全生产许可证编号并加印或者加贴食品质量安全市场准入标志，由国家质检总局统一制定食品质量安全市场准入标志的式样和使用办法。

（三）实行食品质量安全市场准入制度的监管部门和基本原则

根据国务院确定的各个政府部门的职能，国家质检总局负责组织实施生产加工领域食品质量安全监督管理工作。其中，国家质检总局负责全国安全生产加工领域食品质量安全的监督管理工作；各省、自治区、直辖市质量技术监督部门按照国家质检总局的有关规定和统一部署，在其职责范围内，负责组织实施本行政区域内的食品质量安全监督管理工作。各市（地）、县级质量技术监督部门在省级质量监督部门的领导下，按照要求开展相应的工作。国家质检总局的主要职责是：会同有关部门负责建立健全食品质量安全标准体系；运用保证质量必备条件审查、强制检验及检验合格标志等手段，从源头抓起，建立食品质量安全市场准入制度；对生产企业和市场上销售的食品进行定期和不定期的监督检查，并向社会公布检测结果，对危害人身安全健康的有毒有害食品，依法进行收回并进行相应处罚；建立覆盖全国的食品质量安全检测体系；加强对假冒伪劣食品打假查处力度；强化进口食品质量安全检测预警管理，加大对出口食品的监管力度。实行食品质量安全市场准入制度有三项基本原则。

（1）坚持事先保证和事后监督相结合的原则。为确保食品质量安全，必须从保证食品质量的生产必备条件抓起，因此要实行生产许可制度，对企业生产条件进行审查，不具备基本条件的不发生产许可证，不准进行生产。但只把住这一关还不能保证进入市场的都是合格产品，还需要有一系列的事后监督措施，包括施行强制检验制度、合格产品标志制度、许可证年审制度以及日常的监督检查，对违反规定的还要依法处罚。概括地说，要保证食品质量安全，事先保证和事后监督缺一不可，二者要有机结合。

（2）实行分类管理、分步实施的原则。食品的种类繁多，对人身安全的危害高低不同，同时对所有食品都采取一种模式管理，是不科学的、不必要的，还会降低行政效率。因此，有必要按照食品的安全要求程度、生产量的大小、与老百姓生活相关程度，以及目前存在问题的严重程度，分别轻重缓急，实行分类分级管理，由国家质检总局分批确定并公布实施生产许可证的产品目录，逐步加以推进。

（3）实行国家质检总局统一领导，省局负责组织实施，市局、县局承担具体工作的组织管理原则。鉴于我国食品生产的量大面广、规模相差悬殊以及各地质量技术监督部门装备、能力水平参差不齐的实际状况，推行食品质量安全市场准入制度采取统一管理、省局统一组织的管理模式。国家质检总局负责组织、指导、监督全国食品质量安全市场准入制度的实施。省级质量技术监督部门按照国家质检总局的有关规定，负责组织实施本行政区域内的食品质量安全监督管理工作。市（地）级和县级质量技术监督部门主要承担具体的实施工作。

（四）食品质量安全市场准入制度的适用范围

根据《加强食品质量安全监督管理工作实施意见》规定："凡在中华人民共和国境内从事食品生产加工的公民、法人或其他组织，必须具备保证食品质量的必备条件，按规定程序获得'食品生产许可证'，生产加工的食品必须经检验合格并加贴（印）食品市场准入标志后，方可出厂销售。进出口食品的管理按照国家有关进出口商品监督管理规定执行。"同时规定国家质检总局负责制定《食品质量安全监督管理重点产品目录》，国家质检总局对纳入《食品质量安全监督管理重点产品目录》的食品实施食品质量安全市场准入制度。按照上述规定，食品质量安全市场准入制度的适用范围是以下几点。

（1）适用地域：中华人民共和国境内。

（2）适用主体：一切从事食品生产加工并且其产品在国内销售的公民、法人或者其他组织。

（3）适用产品：列入国家质检总局公布的《食品质量安全监督管理重点产品目录》且在国内生产和销售的食品。进出口食品按照国家有关进出口商品监督管理规定办理。

二、食品质量安全市场准入审查通则

（一）总则

为规范申请人按规定条件设立食品生产企业，落实质量安全主体责任，保障食品质量安全，依据《中华人民共和国食品安全法》及其实施条例、《中华人

民共和国工业产品生产许可证管理条例》《食品生产许可管理办法》等有关法律、法规、规章，制定本通则。

（二）适用范围

本通则适用于对申请人生产许可规定条件的审查工作，包括审核资料、核查现场和检验食品。

（三）使用要求

本通则应当与《食品生产许可普理办法》、相应食品生产许可审查细则结合使用。《食品生产许可管理办法》及本通则涉及的相关责任主体，均应依照规定使用相应格式文书，不得缺失。

（四）审查工作程序及要点

1. 申请受理

收到申请人食品生产许可申请后，材料齐全并符合要求的发给申请人《食品生产许可申请受理决定书》；申请材料不符合要求，应一次告知申请人补正材料；不属于食品生产许可事项的或不符合法律法规要求的，应发给申请人《食品生产许可申请不予受理决定书》。

2. 组成审查组

审查组织部门根据申请生产食品品种类别和审查工作量，确定审查组长和成员，并通知确定的人员及其所在单位。

3. 制订审查计划

审查组拟定开展审查的时间，熟悉需要审查的申请材料，与申请人沟通，形成审查计划，报告审查组织部门确定。审查组织部门通知申请人，告知需要配合的事项。

4. 审核申请资料

（1）审核食品安全管理制度

审查组依据法律法规规定，审核申请人制定的组织生产食品的各项质量安全管理制度是否完备，文本内容是否符合要求。

（2）审核岗位责任制度

审核申请人制定的专业技术人员、管理人员岗位分工是否与生产相适应，岗位职责文本内容、说明等对相关人员专业、经历等要求是否明确。必要时审核申请材料可以与现场核查结合进行。

5.实施现场核查

核查申请人生产现场实际具备的条件与申请材料的一致性，以及与申请生产的食品相关的卫生规范、条件及审查细则规定要求的合规性。

（1）核查厂区环境

核查厂区环境项目主要核查厂区内外环境是否与申请材料申述情况一致，是否符合相关卫生规范及条件的要求。

（2）核查生产车间

核查生产车间项目主要核查车间布局及环境是否与申请材料申述情况一致，以及车间布局的合规性。

（3）核查原辅料及成品库房

核查原辅料及成品库房项目主要核查各功能库房面积、防护条件、温湿度控制等是否与申请材料申述情况一致，以及是否能满足生产食品品种数量存放要求等。

（4）核查生产设备设施

核查生产设备设施项目主要核查所具有的生产设备设施是否与申请材料申述情况一致，以及对申请生产食品品种、数量的生产工艺和质量安全要求的满足性。

（5）核查检验条件

申请材料中申明自行出厂检验的，主要核查出厂检验设备是否齐全、精度是否满足要求、是否与申请材料申述情况一致。申明委托检验的，核查委托合同是否满足要求及其与申请材料的符合性。

（6）核查工艺流程

核查工艺流程项目主要核查工艺流程布局、设备布局是否与申请材料申述情况一致，及其与审查细则的合规性。

（7）核查相关技术人员

核查相关技术人员项目主要核查专业技术人员与管理人员是否与申请材料申

述情况一致。

6. 形成初步审查意见和判定结果

在组长组织下，审查人员应当汇总、合并、讨论资料审核和现场核查情况，确定符合、基本符合和不符合项，形成初步审查意见和判定结果。

7. 与申请人交流沟通

在组长主持下，审查组应当对"实施现场核查"的初步审查意见和判定结果与申请人沟通。审查组全体人员应当参加沟通，申请人相关管理人员及技术人员可以参加沟通。

8. 填写审查记录表

审查组应当填写对设立食品生产企业的申请人规定条件审查记录表。

9. 判定原则及决定

对设立食品生产企业的申请人规定条件审查记录表中审查结论分为符合、基本符合、不符合。当全部项目的审查结论均为符合的，许可机关依法做出准予食品生产许可决定；当任何 1 ~ 8 个项目审查结论为基本符合的，申请人应对基本符合项进行整改，整改应在 10 日内完成，申请人认为整改到位的，由当地县局予以审查确认并签字，许可机关做出准予食品生产许可决定；当任何一个项目的审查结论为不符合或者八个以上项目为基本符合、预期未完成整改或整改不到位的，许可机关依法做出不予食品生产许可决定。

10. 形成审查结论

在组长主持下，审查组应当根据审查情况及与申请人的沟通情况，讨论形成审查结论，填写对申请人规定条件的审查报告。申请人应署名或签署意见，参加审查人员应一并签署。

11. 报告和通知

审查结论应报审查组织单位，审查组织单位应将审查结论书面告知申请人。需要申请人改进的，审查组织单位应在食品生产许可改进表中明确。

12. 意见反馈

申请人有权对审查全过程进行监督，并反馈现场核查意见。

（五）生产许可检验工作程序及要点

1. 通知检验事项

资料审核和现场核查结论符合规定条件要求的，许可机关应当向申请人送达准予生产许可决定书和食品生产许可证及副本。告知申请人批量食品抽样基数、检验项目等食品审查细则规定的事项。

2. 样品抽取

许可机关接到申请人生产许可检验申请后，审查组织部门及时安排人员按细则规定的抽样方法实施抽样。样品一式2份，并加贴封条，填写抽样单。抽样单及样品封条应有抽样人员和申请人签字，并加盖申请人印章。

3. 选择检验机构

申请人在公布的检验机构名单中选择作为生产许可的检验机构。

4. 样品送达

封存的2份样品由申请人在7日内送达检验机构，一份用于检验，一份用于样品备份。申请人应当充分考虑样品的保质期，确定样品送达时间。

5. 样品接收

检验机构接收样品时应认真检查。对符合规定的，应当接受；对封条不完整、抽样单填写不明确、样品有破损或变质等情况的，应拒绝接收并当场告知申请人，及时通知审查组织部门。对接收或拒收的样品，检验机构应当在抽样单上签章并做好记录。检验机构应当妥善保管已接收的样品。

6. 实施检验

检验机构应当在保质期内按检验标准检验样品，并在10日内完成检验。

7. 检验结果送达

检验完成后2日内检验机构应当向审查组织部门及申请人递送检验报告。

8. 许可检验复检

检验结果不合格的，申请人可以在15日内向许可机关提出生产许可复检申请。许可机关接到申请人的生产许可复检申请后，参照3至7执行复检程序。

9. 食品生产许可证副页

食品检验合格后，许可机关发放"食品生产许可证"副页。已设立食品企业、食品生产许可证延续换证，审查工作和许可检验工作可同时进行。

第三节 食品安全检测技术要求

一、化学分析技术操作及环境要求

化学分析又称为经典分析，是指利用化学反应和它的计量关系来确定被测物质的组成和含量的一类分析方法。在进行化学分析时，我们通常使用的是化学试剂、天平和一些玻璃器皿。由于化学分析是以化学反应为基础的分析方法，其反应可用通式表示为 X+R=P，式中：X——被测成分，R——试剂，P——生成物。由于反应类型不同，操作方法和环境要求也有差异。化学分析技术又可以分为重量分析、容量（滴定）分析及气体分析技术。下面分别以重量分析和容量分析为例对化学分析进行简要介绍。

（一）重量分析

重量分析又称为称量分析法，是根据化学反应生成物的质量求出被测成分含量的方法。这里以沉淀重量分析法为例，在进行重量分析时分别要进行试样溶解、待测组分的沉淀、过滤和洗涤、烘干和灼烧至恒重等步骤。

在试样的溶解过程中，要确保待测组分全部溶解在溶剂中，溶解过程不得有任何损失。溶样的方法有两种，一种是用水、酸溶解，另一种是高温熔融法。在进行沉淀操作时，不同类型的沉淀在操作方法上也有差别，如沉淀 $BaSO_4$ 的细晶形时，应一手持玻璃棒搅拌，另一手用滴定管滴加热沉淀剂溶液。沉淀剂要顺杯壁流下，或将滴管尖伸至靠近液面时再滴入，目的是防止样品溶液溅失。而若沉淀如 $Fe(OH)_3$ 类型的胶状沉淀，则可将热沉淀剂顺玻璃棒快速全部加入。若要在热试液中进行沉淀，可将试液水浴加热，但不要直接加热，以免沸腾溅失。同时，我们还要注意，沉淀剂要在一次操作中连续加完。加完后，我们要检查沉淀是否完全。

检查方法是：先将已加过沉淀剂的试液静置，待沉淀下沉后，顺杯壁向上层清液中加一滴沉淀剂，观察界面处有无浑浊现象。若产生浑浊，表明尚未沉淀完全；应继续滴加沉淀剂，直至沉淀完全并合理过量为止。

在对待测成分进行过滤时，首先要根据实验的目的是进行定性实验还是进行定量实验选用合适的滤纸，重量分析沉淀一般选用定量滤纸。当涉及沉淀的性质时，要考虑滤纸的流速，细晶形沉淀一般选慢速滤纸；粗晶形沉淀宜选择中速滤纸；胶状沉淀应选快速滤纸。过滤和洗涤沉淀的操作能否尽量减少沉淀损失，是能否得到好的测定结果的重要环节。通常采用的倾泻法过滤就是比较科学的过滤洗涤方法。过滤前将体系静止，待沉淀下沉后，上层渐渐清亮，先将上层清液倾入漏斗中。而不是一开始就将沉淀和溶液一起搅匀一并过滤，过滤时一定要正确使用玻璃棒，其长度为 15 ~ 20cm 为宜，直径 4 ~ 5mm 即可。漏斗下方放一个合适容积的洁净烧杯盛接滤液，杯口盖一个表面皿。倾倒沉淀时，将烧杯嘴紧贴玻璃棒，玻璃棒直立，下端接近三层滤纸一侧的上方，慢慢倾斜烧杯使清液沿玻璃棒流入漏斗，漏斗中的液面不要超过滤纸的 2/3，以免毛细作用损失了沉淀。暂停倾斜时，应沿玻璃棒将烧杯往上渐渐直立，待液体流回烧杯中时，才能将玻璃棒放回原烧杯。不要搅动沉淀，也不能靠在杯嘴上，避免黏附沉淀。如此过滤到清液几乎滤去。用少量的洗涤液（约 20mL）初步洗涤沉淀，加入洗涤液后用玻璃棒搅动，再静置片刻，倾出上层清液，如此反复操作 4 ~ 5 次，即可进行沉淀转移操作。当沉淀全部转移至滤纸上后，需在漏斗中再次洗涤，要充分洗净沉淀，还应洗净滤纸上黏附的母液。在检查是否洗净时，可用小试管接取一些滤液，加入相应沉淀剂，观察有无浑浊现象，如有浑浊，需继续洗涤，直至检查滤液时不再出现浑浊为止。

沉淀的烘干操作可以在 100℃左右的烘箱中进行，也可以在电炉或煤气灯上处理，此时应注意防止滤纸燃烧，燃烧易造成沉淀飞散损失。灼烧一般应在高温炉中进行，灼烧温度根据产品标准确定，灼烧用的坩埚钳不能挪作他用，不用时钳嘴应朝上放置。沉淀灼烧后再放置到干燥器中冷却至室温，最后进行称量。在使用干燥器时，向干燥器中放入温热物体时，应将盖子留一个缝隙，稍等几分钟后再盖严。也可将盖子间断地推开两三次，以使干燥器内温度、压力与环境条件平衡。否则，干燥器内形成负压，再打开时比较困难。同时要注意当取下盖子时必须仰放在桌子上，不可正着放置。

（二）容量分析

容量分析法（也叫滴定法），是将已知浓度的滴定液（标准物质溶液）由滴定管滴加到被测药物的溶液中，直至滴定液中的标准物质（常称为滴定剂）与被测药物反应完全（通过适当方法指示），然后根据滴定液中滴定剂的浓度（一般称为滴定液浓度）和被消耗的体积，按化学计量关系计算出被测药物的含量。容量分析法是以测量标准滴定溶液的体积为基础的，所以也称滴定分析法。作为容量分析基础的化学反应必须满足以下几点：

（1）反应要有确切的定量关系，即按一定的反应方程式进行，并且反应进行得完全，不能有副反应，这是定量计算的基础。

（2）反应迅速，滴定反应最好能瞬间定量完成，如果反应速度不够快，就很难确定理论终点，甚至完全不能确定。如果反应本身很慢，但有简便易行的可加快反应速度的方法，如加热、加催化剂等，则该反应可用作滴定反应。遇到这种情况，在进行滴定反应操作时必须要注意：滴定速度一定要慢于反应速度。

（3）主反应不受共存物的干扰，或有消除的措施。如果滴定体系中有其他共存离子，它们应完全不干扰滴定反应的进行。即滴定反应应当是专属的，或者可以通过控制反应条件或利用掩蔽剂等手段加以消除。

（4）有确定理论终点的方法，通常确定理论终点的最简便方法就是使用指示剂。所选用的指示剂，应恰能在滴定突跃范围内发生敏锐的颜色变化，以便停止滴定（若滴定剂本身就起到指示剂作用，就无需另选了）。

（5）在滴定操作中，温度低，则反应慢，温度高，则反应快。其次，有无催化剂以及有无干扰离子，都会干扰滴定效果。要注意标准溶液的浓度对滴定结果的影响，标准溶液的浓度越大，则滴定突跃越大，反之则滴定突跃越小。一般操作中，标准浓度的大小要依据被滴定组分的浓度而定，两者总是近似相同。不仅便于操作，也有利于获得较大的突跃。

（6）在测定被测物质的质量时，应根据不同物质的性质选择合适的测量方式，如称量洁净干燥的不易潮解或升华的固体试样，一般选用直接称量法。若样品易吸水、易氧化或易与 CO_2 反应，则一般选用递减称量法。待测样品应置于玻璃小烧杯、表面皿或称量瓶中，不可使样品或化学物质与托盘直接接触。样品从干燥器中取出称量瓶时，为获得准确称量结果，要戴手套或指套，或用纸条套住拿，不可用手接触称量瓶；每次倒出的试样如超出要求值，不可用药匙取回，应弃去重称；挥发性、腐蚀性液体称量必须用具有封闭效果的容器装，才能在精密天平上使用；天平的使用环境，尤其是精密天平对操作环境都有严格的要求，室内的震动大小、空气流动的强弱、天平室的温度变化都对天平的测定结果有影响，所以应保持天平室内的环境稳定。如防止空气流动对测定数据造成影响，天平室平时应关窗，甚至挂窗帘，出入天平室要注意关门。还要注意被称物温度与天平室内温度要一致，被称物温度较高，称量时则会引起气流上升，使称量结果小于实际值。烘干或灼烧后的被称物，还有烘干后的容器、灼烧过的坩埚等，在空气中其表面都会吸收水分而使质量增加，所以被称量的物质及器皿必须在干燥器中冷却至与天平室温度相同后再称量。在使用天平的过程中，开、关天平，放、取被称物，开、关天平侧门以及加减砝码等，其动作要轻、缓，切不可用力过猛、过快，以免对天平部件的脱位或损坏。

二、仪器分析技术操作及环境要求

仪器分析在化学分析的基础上吸收了物理学、光学、电子学等内容，根据光、电、磁、声热的性质进行分析，并依靠特定仪器装置来完成。由于计算机技术的引入，使仪器分析的快速、灵敏、准确等特点更加明显，多种技术的结合、联用使仪器分析的应用面更加广泛。

仪器分析是通过测量表征物质的某些物理或化学性质的参数来完成物质化学组成定性确证、含量测定和结构分析任务。仪器分析的方法很多，而且相互比较独立，可以自成体系。根据测量原理不同，通常把仪器分析方法分为光学分析法、电化学分析法、色谱法、核磁与顺磁共振波谱法以及热分析法等。不同的分析仪器的操作和环境要求各有特点，差异很大。

（一）气相色谱仪的操作及环境要求

气相色谱仪的基本操作步骤是装柱；通载气；试漏；通电；设置柱温、汽化温度、检测器温度、流速或设置热丝电流（TCD），开启数据处理机；设置数据处理机参数（峰宽、斜率或阈值、最小峰面积、基线或零点、流速、衰减、定量方法、样品量、内标物量等）进样分析。

在具体操作中，要注意等仪器的工作状态稳定后再进行样品的测定。应根据分析物的特点和性质合理选择不同的色谱柱、检测器。选择色谱柱时，分析烃类和脂肪酸酯物质最好选用机械强度好的不锈钢柱；分析活性物质及使用高分子微球固定相时多用玻璃柱；有时分析醇、酮、胺等成分时则应该采用毛细管柱。合理选用色谱柱有利于测定结果的准确性和稳定性。对检测器的操作来说，在使用热导检测器时，在接通检测器热丝电流之前，要确保载气流过检测器，即先通气后给电，若无气流来耗散热量，热丝元件极易损坏；在使用氢焰检测器、火焰光度检测器、氮磷检测器时，要注意检测器温度必须高于110℃，以防水汽的冷凝，另外，在检测器温度达到110℃以上以后，再点火；电子捕获检测器必须使用高纯气体；分析完毕，要先关掉通入检测器氢气或空气后，再降低检测器温度。

载气的种类、纯度和流速会在一定程度上影响色谱分析的可靠性。气相色谱使用的载气要求纯净、惰性和流速稳定。用重载气可以降低纵向扩散对柱效的影响，但会延长分析时间；轻载气影响纵向扩散降低柱效，但也可以降低气相的传质阻力，利于提高柱效，且可以缩短分析时间；在使用热导检测器时，用99.999%超纯氢气比用99%的普通氢气灵敏度要高6%~13%，另外，载气纯度对峰形也有影响，载气纯度应比被测气体高10倍以上，否则将出负峰。而在使用电子捕获检测器时，则要求电子捕获检测器中的载气氮纯度至少应大于99.999%，而且必须经净化以除去残留的氧（强烈吸电子）和水。载气的流速对峰高和峰面积有很大影响，载气流速过高，会降低柱效，但保留时间短，可根据速率理论来选择一个最佳气流。

（二）液相色谱仪的操作及环境要求

目前，很多型号的高效液相色谱仪都是自动分析检测的，如自动进样、自动分析、自动检测、自动出具实验报告，实验人员需要操作的程序较为简单。但一定要严格按照仪器操作规程进行操作，依次打开仪器的高压泵、检测器、工作站，设置试验参数。每次分析结束后，要反复冲洗进样口、色谱柱，防止样品的交叉污染。为了延长紫外灯寿命，在分析前，柱基本平衡后，打开检测器；在分析完成后，马上关闭检测器。

由于液相色谱仪有多种检测器，不同检测器的原理对环境的要求不同，目前多数液相、色谱仪使用的检测器是紫外检测器。紫外检测器对温度、流动相组成和流速变化不敏感，适宜用作梯度洗脱；光散射检测器，对各种物质都有响应，且响应因子基本一致，基线漂移不受温度变化的影响，信噪比也较高；而示差折光检测器则易受温度变化波动的影响，因此要求温度控制恒定，另外示差折光检测器对流动相组分变动会产生相应的信号变化，不适宜用作梯度洗脱。

由于高效液相色谱仪是精密仪器，对于分析的样品和试剂的纯度要求比较高，所以在对待测物进行分析之前，所有的样品和试剂都要经过高度纯化，例如在操作过程中，为了防止进样阀或管路产生堵塞现象。必须考虑样品的过滤问题，流动相必须经过 0.45μm 滤膜过滤，否则样品中的细小颗粒会使进样阀堵塞、磨损，更重要的是污染色谱柱。同样流动相中若溶解有气体，在高压下气体会从溶剂中逸出，影响高压泵正常工作，并严重干扰检测器的正常检测，流动相中的气泡将会增加基线噪声，严重的会在泵体中产生气堵，造成压力升高，所以流动相要经过脱气处理。同样对流动相主体的溶剂（包括水）的纯度要高，必要时需要重新蒸馏或纯化。

此外，流动相的 pH 值和流动相的强度都会影响样品的分析，流动相的 pH 值变化将会影响酸性或碱性样品组分的分离度，在反相色谱中向含水流动相中加入酸、碱或缓冲溶液（pH 值 =2 ~ 8），控制流动相的 pH 值，抑制溶质的离子化，减少谱带拖尾，改善峰形，提高分离的选择性。同时由于水是极性最强的溶剂，有机溶剂相对于水都是弱极性溶剂。

（三）原子吸收分光光度计操作及环境要求

原子吸收分光光度计是专门进行元素分析测定的仪器。原子吸收分光光度计 – 火焰原子化系统工作时用可燃气体（如乙炔），应注意安全。仪器的开机和关机顺序是相反的，先打开电源预热，调节各种工作参数，仪器稳定后打开气源。样品全部测定完，应先关闭气源总阀，然后是压力表阀、空气压缩机、总电源等。工作时要注意，防止"回火"现象的发生。如果使用的是石墨炉原子化系统，则要注意冷却水的使用，首先接通冷却水源，待冷却水正常流通后方可开始下一步操作。且要求有不间断冷却水，中途保证不能停水。此外，各种元素灯（即空心阴极灯）在长时间不用时，要定期通电加热一定时间延长灯寿命。当发现空心阴极灯的石英窗口有污染时，应用脱脂棉蘸无水乙醇擦拭干净。

火焰原子吸收工作时，试样溶液的性质发生变化，如试样溶液的表面张力、黏度发生变化时，将影响吸喷雾滴的细径、脱溶液效率和蒸发效率，并最终影响到原子化效率，因此，试样必须通过适当稀释后再进样分析。也可在试液中加入有机溶剂，改变试液的黏度和表面张力，提高喷雾速率和雾化速率，增加基态原子在火焰中的停留时间，提高分析灵敏度。此外，火焰温度的高低也是进行原子分析测定必须考虑的因素之一。分析不同的元素，需要不同的火焰温度，火焰温度直接影响样品的熔融、蒸发和解离过程。火焰温度还和元素的电离度有关，若火焰温度越高，元素的电离电位越低，越容易引起电离干扰，因此在进行原子吸收光谱分析时通常会选用低温火焰，可以在一定程度上降低离子干扰。

而在有些状况下，用高温火焰则可以降低在测试中的化学干扰。化学干扰是火焰原子吸收分析中的主要影响因素，为了减少化学干扰，除了在一定条件下使用高温火焰外，还可以加入释放剂、保护剂或加入缓冲剂等方法降低化学干扰。当然，也不能忽视样品中基体干扰后杂质干扰。

（四）紫外可见分光光度计操作及环境要求

紫外可见吸收光谱是基于被测样品中分子内的电子跃迁产生的吸收光谱，波长范围为 200 ~ 800 nm，按光学系统可分为单光束和双光束分光光度计。测定过程中，要注意保护吸收池的透光面的洁净，不得用手接触吸收池的透光面，如果透光面表面有污物或尘土，只能用吸水纸或擦镜纸轻轻地擦拭，避免硬的物品划伤透光面。用完吸收池后要对吸收池进行清洗，先用去离子水冲洗吸收池内部，然后用少量乙醇或丙酮进行脱水处理，常温放置干燥。不同仪器的吸收池不可混用，以免引起误差。

紫外可见吸收光谱分析样品通常是溶液，也就是说被测定的物质是在溶液中以某种分子或离子形式存在，溶液应是澄清透明状的，光照射溶液，通过溶液对光波的吸收强弱来表征样品含量。因此测定时固体样品需要转化成溶液；无机样品用合适的酸溶解或用碱熔融，有机样品用有机溶剂溶解或抽提，有时需要先经湿法或干法将样品消化，然后再转化成适合于光谱测定的溶液。因此待测溶液及参比溶液的状态及配制溶液的溶剂对测定结果的影响至关重要，对有色化合物溶液进行分析时，有色化合物在溶液中受 pH、温度溶剂的影响，可能发生水解沉淀、缔合等化学反应，从而影响有色化合物对光的吸收，引起测定误差。所以要注意控制显色条件，如溶液的 pH 对显色反应的影响极大，它会直接影响金属离子和显色剂的存在形式，影响有色络合物的组成和稳定性及显色反应的完全程度。所以通常加入缓冲溶液保持一定的 pH。在某个具体的反应中，溶液的合适的 pH 值通常是通过试验来确定的。由于有机溶剂对物质的显色波长、显色灵敏度、选择性和稳定性等都有显著影响。所以在使用有机溶剂时，要注意有机溶剂的影响。显色反应通常都是在室温下进行的，但有些显色反应必须加热至一定的温度才能完成。同时也要综合考虑到有机化合物在加热时容易分解。所以当温度对显色反应速度可能有较大影响时，需要用单因素实验来确定合适的温度。如果利用动力学附件，会有效提高上述情况的测量精度。还有显色剂的用量、共存离子的干扰等环境因素都会在一定程度上影响测定的效果。

由于光吸收定律只是用介质均匀的稀溶液，因此对于不均匀的体系如乳浊液、悬浮液等由于透光率减少，产生光散射等误差，会使吸光率增加而导致测定结果产生正偏差。而当溶液浓度较高时，吸光粒子间的平均距离减少，粒子的电荷可能发生改变，进而使吸光系数发生改变，导致偏离光吸收定律，会产生负偏差，因此有必要降低溶液浓度，使样品浓度性状在线性范围内。

（五）电化学分析法的操作及环境

在被测定溶液中插入指示电极与参比电极，通过测量电极间电位差而实现测定溶液中某组分含量的方法称为电位分析法。

在进行仪器操作时，应先按照步骤对测定仪器进行调试，将选择开关置于 pH 值档。摘去饱和甘汞电极的橡皮帽，并检查内电极是否浸入饱和 KCl 溶液中，如未浸入，应补充饱和氯化钾溶液。在电极架上安装好玻璃电极和饱和甘汞电极，并使饱和甘汞电极稍低于玻璃电极，防止烧杯底碰坏玻璃电极薄膜。在对待测溶液测定之前，要先用标准缓冲溶液对电极进行定位校准，若使用的是新的玻璃电极或长期不用的玻璃电极，则此玻璃电极必须浸泡在蒸馏水中 24 小时以上，以使玻璃电极表面形成稳定的水化层。甘汞电极使用时，加液口和液体底部的橡皮帽打开，以保持液位差，使用完毕，应及时罩好。在进行溶液的 pH 值的测定时，要注意玻璃电极的适用性，普通玻璃电极只适用于 pH 值 <10 的溶液，对 pH 值 >10 测定时，测定结果偏低有误差，普通玻璃电极在 pH 值 <1 的酸性溶液中也有误差。

电极与溶液中的离子浓度有直接关系，即通过测量电极电位就可求得待测离子的浓度，因此参加反应的离子的浓度是在进行电位分析时不可忽视的因素。此外，在电化学计算的能斯特方程中，RT/nF 称为能斯特斜率，它与温度有关，n 越大斜率越小，在 25℃，n=1 时，斜率为 0.059，温度升高斜率增加，温度降低斜率减小。因此要注意测定的环境温度，测定样品的温度最好要与定位时的温度一致，这也是电化学分析法测量误差较大的一个主要影响因素。在进行溶液的 pH 值测定时，离子强度也会对分析测定结果造成影响。溶液的离子强度影响离子的活度系数，从而也影响 H+ 的有效浓度。测定离子强度大的样品时，应使用同样离子强度的标准缓冲溶液进行定位，这样可以减少测定误差。

（六）质谱和其联用技术操作及环境要求

质谱分析法主要是通过对样品离子的质荷比的分析来实现对样品进行定性和定量的分析方法。因此任何质谱仪器分析必须有电离装置，把样品电离为离子，还必须有质量分析装置，把不同质荷比的离子分开，再经过检测器检测，得到样品分子或原子的质谱图。

在进行质谱分析之前要首先检查仪器的状态是否正常，要严格按照操作步骤开启仪器的真空系统，检查是否存在漏气情况，一旦发现真空度下降或无法提高，或进样有故障，应进行检漏，发现有部件损坏应及时进行更换。待仪器的真空度达到规定的要求后，启动质谱工作站，设定仪器工作条件如电离方式电离电位、离子源温度、进样温度、质荷比扫描范围、采样参数等，使仪器的状态达到所设定的要求。

总之，在进行仪器分析时，不同的分析方法之间，由于原理不同，仪器设备也必然不同，即使是同种分析方法，不同的仪器型号的仪器之间，操作要求和环境也不完全相同，除了上述仪器设备在分析中操作和仪器自身工作环境外，还要注意实验室环境对仪器分析测定造成的影响。实验室应保持干净、整洁、无交叉污染。室内的温度、湿度、气压、电磁辐射、振动、空气中的悬浮颗粒的含量及污染气体成分都应得到控制。大型分析仪器，特别是用于微量或痕量分析精密仪器，对所在环境的要求相对较高，如色谱仪，操作环境的相对湿度一般是 <80%，最好是恒温恒湿，还要远离电磁干扰、高振动干扰，否则相对湿度过低（<40%），会产生静电，对仪器和样品可造成影响。所以室内最好要有空调保证温度恒定和适宜的湿度。还要保证分析仪器有稳定的电压和电流，最好是专用的电源和稳压器。尤其是连续质谱仪（超痕量分析），对实验环境要求更高，实

验环境应为超净级（与超净台级别相近），以此保证仪器的分析精度及结果准确。

如在进行光谱分析时，光源的灯电流对吸光度有一定影响，对基线漂移影响更大，光电管的负高压则会影响仪器的稳定性。电流或电压不稳还会影响灯管的使用寿命。另外电压、水压等也要保持稳定。因为这些参数直接或间接影响仪器的性能或改变实验条件，从而对测定结果产生影响。原子吸收光谱等元素分析仪器的工作室要有防尘净化设施。此外，工作台使用前最好使用吸尘器吸尘，然后将工作台表面灰尘清除干净，使用前用 10 ~ 20 min 将通风机启动，先清除尘粒，台面用海绵或白纱布擦拭干净。操作者要穿好工作服后方可进行工作。

红外光谱类仪器，由于一些关键器件为特殊易潮材料制备，要求实验室环境相对湿度较低，小于30%，因此室内要加装必要的除湿设备。

仪器室环境条件要保证不影响检测结果，在日常运行中对环境进行监测并做好记录，以便找出误差源。此外，仪器室布局也要合理，各种不同功能的设备应合理布局。大型仪器室要有相应的彼此隔开的准备室，以免在样品处理时对仪器产生污染。特殊功能要求的要有明显标识。

三、重要食品安全分析技术操作及环境要求

食品安全要得到保障，必须要有质量监督，质量监督离不开标准来衡量食品质量。食品质量是指食品的食用性应能符合相关标准规定和满足消费者要求的特性及程度。食品的食用性能是指食品的营养价值、感官性状、卫生安全性。食品质量的体现要通过有关权威部门发布的食品质量要求或食品质量的主要指标检测确定，即食品质量标准，也就是必须满足消费者在心理、生理和经济上的要求，主要包括卫生安全、营养保健、感官享受、物美价廉、社会安定等的需要，特别是安全与营养。要全面、正确评价食品质量必须从毒理学、病理学及生物安全角度进行全面评价。食品安全评价指标主要包括：严重危害人体健康的指标，如致病菌、毒素，必须严格按照标准的规定执行；食品污染指标，包括化学和微生物污染指标，如农药残留、重金属、细菌总数、大肠菌群等；食品掺杂使假指标；安全指标，毒理、病理转基因成分。

近些年来，由于食品安全事件在全球范围的发生，传统的化学分析和常规仪器分析技术也存在某些不足，如分析时间长、成本高、效率低等。因此，食品安全快速检测技术开始被各个国家所重视，各国都在加速创新技术研究。生物检测

技术是近年来飞速发展，且在食品检测中备受关注。由于食品多数来源于动植物等自然界生物，因此自身天然存在辨别物质和反应能力。利用生物材料与食品中化学物质反映，从而达到检测目的的生物技术在食品检验中显示出巨大的应用潜力，具有特异性生物识别功能、选择性高、结果精确、灵敏、专一、微量和快速等优点。应用较广泛的方法有酶联免疫吸附技术、PCR技术、生物传感器技术以及生物芯片技术等。

（一）酶联免疫吸附技术

酶联免疫吸附技术（enzyme-linkedimmu-nosorbentassay，ELISA）是建立在免疫酶学基础上，将抗原抗体反应的高度特异性和酶的高效催化作用相结合而发展建立的一种免疫分析方法。基本原理是利用酶标记的抗原或酶标记的抗体作为主要试剂，通过复合物中的酶催化底物呈色反应来对待测物质进行定性或定量，在农药和兽药残留、违法添加物质、生物毒素、病原微生物、转基因食品等食品安全检测方面广泛应用，如恩诺沙星、瘦肉精以及嗜碱耐盐性奇异变形杆菌等的测定。

（二）聚合酶链式反应技术

聚合酶链式反应（Polymerase Chain Reaction, PCR）是体外酶促合成特异DNA片段的一种方法，由高温变性、低温退火（复性）及适温延伸等反应组成一个周期，循环进行，使目的DNA得以迅速扩增，具有特异性强、灵敏度高、操作简便、省时等特点。

它不仅可用于基因分离、克隆和核酸序列分析等基础研究，还可用于疾病的诊断或任何有DNA、RNA的地方。该技术可在短短的几小时内将水平DNA中特定序列的单个拷贝扩增上百万倍，这不仅可以通过传统的载体进行分子克隆，而且能够直接进行分子杂交，序列测定和限制性片段长度多态性分析等，因此它一出现立即得到世界范围的广泛应用。聚合酶链式反应技术是调查食品源疾病暴发及鉴定响应病原菌的有用工具，以其特异性强、灵敏度高以及准确快速等优点在食品检测领域广泛应用。

（三）生物传感器技术

生物传感器是一种将生物识别元素与目标物质结合的物理传感器，具有高特异性和灵敏度、反应速度快、成本低等优点，已经成为食品检测中的重要工具。主要应用于食品添加剂、致病菌、农药和抗生素、生物毒素等方面的检测。如食品中亚硝酸盐、鼠伤寒沙门菌、有机磷酸酯和氨基甲酸盐、黄曲霉素 B1 等的快速测定。生物芯片法是一项综合分子生物技术、微加工技术、免疫学、计算机等技术的全新微量分析技术，将分析过程集成在芯片上完成，实现样品检测的连续化、集成化、微型化和信息化。在食品安全检测中可应用于食源性微生物、病毒、药物、真菌毒素以及转基因食品等的检测分析。

结 束 语

化工业是促成我们生活质量改善的重要行业。化学工业必须继续保持生机，激发年轻一代的工程师带领科技前进，使其成为具备战略眼光的业务伙伴和富有远见的思考者。另外，随着我国产业的高水平发展，计量技术与标准制度也应该不断完善。计量器具国产化进程会加快，化工计量方式将发生从体积计量转变为能量计量的重大改变。要以开放的眼光看待整个行业，要深刻认识到化工产业并不是夕阳产业，它未来还有无限的可能。国家要鼓励企业走国际化道路，不要将目光局限于本国市场，有能力的企业可以选择在国外建设生产基地，利用国外人工、资源、运输等方面的优势，将我国化工产业先进的方面展示在国际舞台上，不仅可以扩大我国化工产业的影响力，还可以创造更多的价值，打造我国化工产业的品牌效应。同时，根据我国化工行业的特点，要吸引更多的国外先进企业走进来，尤其是我国化工产业比较欠缺的高端类产品，通过引进外资学习国外化工企业的先进技术和管理模式，促进我国企业和国外企业进行合资，共同进行技术开发，让中国的市场能够容纳更多的国外先进的企业，大家共同发展、和谐发展。

参考文献

[1] 吴婷婷，刘洋，曲德威．罐头质量安全浅析 [J]．食品安全导刊，2021
（23）：17．

[2] 曾祥平，张袁媛．食品安全的影响因素与保障措施探讨 [J]．食品安全导刊，
2021（21）：36．

[3] 王海泉．食品加工安全风险及质量安全提升措施 [J]．中国食品，2021（13）：
148．

[4] 杨成彬，王勇，刘刚．质量管理在食品安全中的重要性及管理措施研究 [J]．
科技创新与应用，2021，11（18）：188-190．

[5] 姚玉．化工工业与化学工程技术的发展特征分析 [J]．现代盐化工，2021，
48（03）：76-77．

[6] 吴可，梁卫辉．建筑装修材料可挥发性有机化合物散发特性分析 [J]．建筑
科学，2020，36（10）：27-34．

[7] 段文彤．建筑装修材料及家居污染物检测用环境测试舱的研究和验证 [J]．
门窗，2015（04）：53-56．

[8] 邓莉娜．建筑装修材料中挥发性有机物污染预防控制 [J]．四川水泥，2020
（06）：111．

[9] 吕建华．化工工艺的风险识别与安全评价问题探讨 [J]．科学技术创新，
2020（09）：185-186．

[10] 王晓宁．浅析化工工艺安全设计中危险识别和控制 [J]．山东工业技术，
2016（02）：30．

[11] 李红梅．绿色化工环保技术与环境治理的关系 [J]．化工设计通讯，2019，
45（09）：226．

[12] 都启晶，赵海燕．食品质量与安全专业的动物性食品检验检疫学课程教学探索 [J]．教育现代化，2019，6（74）：84-85．

[13] 张良华，王丽．食品企业计量检定工作 [J]．食品安全导刊，2019（21）：34．

[14] 李慧，王传兴．食品检验检测的质量提升方法 [J]．食品安全导刊，2019（21）：35．

[15] 康黎霞．食品安全质量管理课程的教学改革思考 [J]．知识文库，2019（11）：154．

[16] 李涛．建筑装修材料中挥发性有机物污染防控技术研究 [J]．环境科学与管理，2019，44（04）：87-91．

[17] 赵晓君．浅谈化工设计中安全危险识别及控制 [J]．化工管理，2016（15）：161．

[18] 韩林，江林娟，吴应梅，陈林，向世琼．基于食品质量与安全专业的人体机能学教学思考 [J]．安徽农学通报，2019，25（04）：148-150．

[19] 崔铁良，张鸥．危险化学品火灾爆炸事故预防 [J]．河北企业，2016（06）：163-165．